科學大解密

解開宇宙、未知事物和人體的奧祕

The Science of Why 2：

Answers to Questions About the Universe, the Unknown,
and Ourselves

傑·應格朗（Jay Ingram）◎著

田昕旻◎譯

晨星出版

獻給 2017 年版的脫線家族（Brady Bunch）
——即使他們不會看。

Contents

第三部：動物

第四部：另類科學與機器

第一部
遙遠的彼端

地球是宇宙唯一有生物的星球嗎？還是其他地方還有外星人呢？

　　要回答這個問題，首先你得相信地球以外的星球還有其他生物存在，我指的是有智慧的生命體。你不是非相信不可，我們依然很有可能是全宇宙僅有的生物 —— 無論有幾 10 億個星系存在，包含了幾 10 億顆恆星，並且有數不清的幾 10 億個行星繞著它們轉，我們仍是唯一有智慧的生命體。但是，這種自詡為萬物中心的態度，從 1500 年代開始就逐漸式微了，也讓我們從獨一無二的星球，降級變成在無數的星系中，圍繞著其中某顆平凡之星運行的 8 個行星之一。

　　在無法證明其他地方有生命體的情況下，要釐清我們是否為宇宙中唯一的生物並不容易。但有個方法可以處理，這多半要感謝天文學家法蘭克・德雷

克（Frank Drake），他在 1961 年提出了一條德雷克公式（Drake equation）。

德雷克公式是一連串未知數值的相乘。我們可以先感受一下，假如堅信其他地方還存在著有智慧的文明，得要克服哪些問題。公式內容是這樣的：

$$N = R_x \cdot f_p \cdot n_e \cdot f_l \cdot f_i \cdot f_c \cdot L$$

翻譯成中文，N 代表目前我們有可能在其他地方找到先進科技文明的數量。這很令人興奮！N 代表生活在地球以外的生物，也就是外星人！

但 N 會受到方程式等號右側的所有要素影響。一一納入右側的各項條件後，N 會逐漸縮小。也就是說，在宇宙中發現另一物種的機率，基本上建構於：

Rx（恆星的總數）·fp（該恆星有行星繞行的概率）·ne（與繞行之恆星距離適中，且具備生命誕生條件的行星數量）·fl（確

實能有生命體存活的行星概率）・fi（該生命演化成有智慧生命體的可能性）・fc（擁有先進溝通技術的可能性）・以及最後一個要素 L（存在的夠久，足以讓我們找到他們的高科技文明數量）。

德雷克提出這條公式時，其中許多數字只能用推測的。但從那時開始，我們對此又更有把握一些了。

科學假象！我們最常聽到的生物演化，是在陸地上或來自海洋，但除此之外，還有其他可能性嗎？佛雷德・霍伊爾（Fred Hoyle）和卡爾・薩根（Carl Sagan）這兩位知名天文學家，想像出一種奇怪又瘋狂的氣態生物。霍伊爾在 1950 年代晚期的科幻小說《黑雲》（The Black Cloud）中寫道，有一片巨大的塵雲和氣體入侵我們的太陽系，擋住了太陽，對地球上所有生物造成威脅。這片雲比我們還聰明，不需要恆星的輻射能量（我們稱為陽光）就能生存。只有在這片雲決定移動到別處時，地球才得以逃過一劫。

卡爾・薩根則是在美國國家航空暨太空總署（NASA）的一篇論文中發表了一個觀點，他認為木星大氣層中，有 3 種像氣球一樣的大型生物：漂浮者（floaters）、下沉者（sinkers）和捕食者（predators）。漂浮者的大小可達數公里，以陽光或處理大氣中的化學物質為生；下沉者就像海洋中的浮游生物，會穿過大氣層慢慢墜落，但過程中可吸收其他物質（如漂浮者），就像雨滴墜落時也會變大一樣；而捕食者當然是瞄準其他有機物吸收之。

行星會繞著恆星運行，因此，第一步我們必須先釐清宇宙中有多少顆恆星。地球所在的星系──銀河系（Milky Way），至少有 1000 億顆恆星，而任何星系可能都差不多是這個數字。總共大約有 100 億至 10 兆個星系，因此，假如將這些數字相乘（採用比較大的星系估算值），則會得到 1,000,000,000,000,000,000,000,000 這個難以理解的數字，非常非常非常多的恆星。

你知道嗎……估算值也許有出入，但銀河系中可能有多達 600 億個適合居住的行星。

　　像克卜勒太空天文台這樣的新科技，讓我們更清楚有多少恆星的身邊有多少行星繞行。在地球之外還有許許多多的星球，但我們預料有生物生存的星球，體積約與地球一樣大，且位於所謂的「適居」帶（habitable zone），也就是水能以液態存在的地方。人類認為水對地球上的生物非常重要，因此其他地方應該也是如此。這代表，這顆行星不可以太靠近其星系中的太陽（太陽的熱度會使水分蒸發），但也不能太遠或太冷（水會結凍）。

　　目前已經發現有超過 4000 顆行星繞著其他恆星運行，且有很大的可能性，平均每顆恆星至少都有 1 顆行星；而每 5 顆恆星至

少有 1 顆與地球一樣大的行星位於其適居帶。且這還不包括有人斷言星系裡有超過 90% 的行星都還未形成。此外行星的大小也很重要，例如在像土星那樣的氣態巨型星上，比生活在像我們這樣的岩石型行星上還更難演化。

可惜我們仍無法知道，即便是位於適居帶的行星，其星球上有生命體存活的可能性有多高。目前為止，在我們的太陽系只有一個例子——那就是地球，因此很難猜測其他地方的狀況。但即使如此，只要在火星上找到過去曾有微生物的證據，都會大大地改變可能性。科學家們樂觀認為，生物是普遍存在的，因為對生命體重要的化學化合物不僅僅出現在地球，而是散布於整個星系中。

光要推估生物的廣泛性就相當困難了，更何況還是有智慧的生命體？雖然真的只是猜測，但科學家似乎堅信，只要找到 10 個有生命體的星球，其中 1 個就很可能存在有智慧的生命體。更重要的是，那些有智慧的物種是否擅長運用科技，因為唯有如此，我們才能找到他們或甚至與他們溝通。

 **你知道嗎** …… 哲學家尼克・柏斯特隆姆（Nick Bostrom）主張，我們不希望在宇宙中找到其他物種。根據柏斯特隆姆的說詞，宇宙中有智慧的生命體如此稀有，足以證明有些事件、艱困的障礙，阻擋了大部分的科技文明，只有極少數的幸運兒除外，而到目前為止，地球是唯一的例外。

為什麼這很重要？如果這關鍵的一步已經成為過去，我們成功地通過了，而我們似乎是唯一成功撐過來的物種這件事，意味著要達到這樣的科技發展是非常罕見的。但如果我們還沒有跨越成為完全科技化、探索太空文明的那個障礙；如果許多星球都已經發展到我們現在的程度，而且還繼續在發展，我們為什麼沒發現任何他們的跡象？

　　說來也奇怪，我們在火星上的發現，對柏斯特隆姆的理論很重要。他冀望我們不會在火星上找到一絲微生物的痕跡，否則就代表其他星球過去也普遍有生物存在。如果此事為真，很有可能有智慧的生命體，像人類，曾經出現在其他地方，且已經滅絕。對柏斯特隆姆而言，假如火星上沒有生物足跡，我們就可以繼續幻想我們是唯一的生命體。但如果有生物，則可能暗示人類的前途堪憂。

　　這又讓我們回到德雷克公式的最後兩個數字。可以找到擁有先進科技的物種非常棒，但與他們溝通才是真正的目標。我們成為技術型物種最多不過幾百萬年（在肯亞發現的石器工具有 330 萬年的歷史）。而讓我們可以與遠方文明溝通的科技，直到約 100 年前才出現。考量到地球已經 46 億歲，這樣的時間不算很長，且也沒有太多時間讓其他文明有機會找到我們。以這個時間線而言，外星人可能已經呼叫了我們 1000 年，但因為我們沒有回應而早就放棄了！

你知道嗎……我們在無意間發送訊號至地球外文明的時間，比我們注意聆聽的時間還要久。早在光纖出現之前，電視訊號就曾經由空氣播送；而那些訊號可能已徹底穿過太空。試著想像：將羅德 ‧ 塞林（Rod Serling）創作的《陰陽魔界》（Twilight Zone）這部影集，從 1959 年開始就以近光速的速度傳遞，送到距離 5、60 光年遠的地方（《陰陽魔界》這節目會不會把外星人嚇壞了？）。很可惜，大部分廣播節目的播送從來不曾穿越地球的大氣層。

顯然，即使傾盡我們所有的發展，仍然無法推算出德雷克公式中所有的數字，因此也不可能對外星生物有定論。此方程式的答案，也許代表我們的星系中存在著某個擁有先進科技的文明（地球），或甚至有上百、上千個這樣的文明。

而科學家現在已開始修改德雷克公式的內容，轉而探問：有智慧文明在宇宙中崛起的可能性有多高？結論是，除非這個可能性小於 100 億兆分之一（1/10,000,000,000,000,000,000,000），否則有智慧的生命體必定存在。毫無疑問地，可能性一定比這還高，對吧？確實，我們還沒有收到任何來自這些文明的消息，但我們還是可以繼續盼望未來有機會能與他們接觸。也許，他們只是在等待人類的邀請呢！

我們有辦法復育恐龍嗎？

　　電影《侏羅記公園》（*Jurassic Park*）的情節只出現在螢幕上，而非一項科學計畫是有原因的。因為比起復育恐龍，拍電影簡單多了，就算要投入龐大的預算依然花費較少。而且復育恐龍可能不是一個明智的舉動。

　　復育恐龍會遇到的第一個挑戰，就是要找到原始狀態的恐龍DNA。在《侏羅紀公園》中，恐龍的 DNA 來自吸飽恐龍血液的蚊子，蚊子誤入了液態的樹液中，樹液硬化，最後形成琥珀，巧妙地將那隻蚊子保存超過 6000 萬年。

你覺得我們可以重返地球嗎？

值得試試看喔！

這個可能性有多高？最接近這個狀況的一次，是在蒙大拿州頁岩中發現保存了 4600 萬年吸飽血的蚊子殘骸。那是恐龍滅絕後的近 2000 萬年，因此對於暴龍的再現並沒有太大幫助。還有另外 2 個年代夠久遠，曾經與恐龍活在同個時代的知名蚊子化石：一個來自緬甸，體內的物質尚未被分析出來；另一個來自阿爾伯塔（Alberta），是一隻公蚊子，因此沒叮過任何動物。沒叮過就沒有血，沒有血當然就不會有恐龍的 DNA！

　　但這並不代表我們未來不會找到完美的化石。4600 萬年前的標本中還保存了血液這件事非常神奇，同時也讓整件事充滿希望——因為即便是像甲蟲的硬殼，經過那麼長的時間也會降解。但可能要是像跳蚤那樣的昆蟲才有用。就算著手研究血液，我們仍離侏羅記公園很遙遠，但仍有個好消息：有新的證據顯示，我們可能不需要在這些昆蟲上花心思。

　　過去 10 年來，有好幾間實驗室已在恐龍化石中，找到保存在化石裡的蛋白質形態恐龍組織。這項發現相當令人驚喜，因為化石的本質就是石頭。當然，蛋白質是一回事，DNA 又是另一回事，但是直到現在還能保存那麼多，代表我們還沒有完全走進死路。

　　可以幻想一下，如果找到保存下來的 DNA，真正屬於恐龍的、毫髮無傷的 DNA，便可進行萃取，取出的量甚至可以增加，就能

加以處理。然後呢？套用複製（clone）的技術就對了！

科學真相！ 複製的科技已經成功地應用在現代的哺乳動物身上。還記得桃莉羊（Dolly）嗎？但是牠們是最完美的哺乳動物。在桃莉羊的例子中，要取得活體綿羊 DNA 很容易，只要將之放入綿羊卵子的細胞核中，將那顆卵子植入母羊體內，讓懷孕接手即可。但即使如此，桃莉羊也嘗試了 277 次才成功！

　　至於複製恐龍，我們手上沒有 DNA，沒有可存活的卵子（我們只有化石），也沒有母體。不過倒是有一些可能的解方，目前與恐龍血緣最相近的活體動物是鳥，因此可以將恐龍的 DNA 植入鴕鳥的卵子內，再將那顆卵子植入母鴕鳥體內（不需要受孕，因為 DNA 已經有雙親的遺傳貢獻）。

　　如果你手上只有不完整的恐龍 DNA，則可將這些恐龍基因附加於一組鴕鳥基因中。這麼做必然要有所取捨，因為生出來的後代，體內的鴕鳥基因最後會比恐龍基因多，但至少你提升了牠存活的機率。即使有一整組完整的恐龍基因，胚胎的發展還是會受到許多精算過的母體基因的影響，因此，後代充其量只會是某種奇怪的鳥龍雜種。如果真的活下來，就是一隻奇怪的鳥龍雜種。

　　而這隻唯一的後代需要進食。鳥是獸腳亞目（Therapod）恐龍（像暴龍或迅猛龍）的後裔，這種恐龍是肉食動物。但這種生物要健康地活下去，不只需要生肉，腸道內的細菌也是必須的，但我們要去哪裡找呢？最後，要建立一個自給自足的群體，至少得多產出 5000 隻動物，並養在一片至少像國家公園那麼大的土地上。我們忽略了恐龍的生態需求，幾乎就註定了此偉大計畫失敗的命運。

　　但如果我們願意妥協，轉而研究其他不像恐龍難度那麼高的動物，前景也許光明一些。讓我說說猛獁象（woolly mammoth）吧，目前有不到 5000 歲的冷凍標本，其中也發現了一些上等的猛獁象 DNA；事實上，已定序出完整的猛獁象基因體。其次，現代的大象，尤其是印度種，與猛獁象的血緣非常相近。可利用遺傳技術，以猛獁象的基因替代印度象的基因，便能複製出猛獁象。

哈佛的遺傳學家喬治・丘奇（George Church）目前已將40種以上的猛獁象基因剪接進印度象的DNA。他選用與在寒冷氣候下存活最有關的基因，包括耳朵比較小、毛髮、脂肪層，甚至可在寒冷氣候中有效運送氧氣的血液。這是驚人的進展，但仍有一大堆障礙需要克服。

其一，他選的40幾種基因，只占了猛獁象與現代大象之間基因差異的一小部分；更不用說大象與猛獁象的基因彼此有可能起衝突。其二，丘奇自己也已經說了，他會在人造的子宮中養育胚胎，因為他無法提出充分的理由用瀕臨絕種的印度象進行實驗。但人造子宮必須容納得下要耗時22個月才能成熟，且會長到200磅以上（90.7公斤）的動物。

選擇猛獁象基因體來代表該物種，本身就是個挑戰。其取自北極俄羅斯弗蘭格爾島（Wrangel Island）上最後存活的種群，該種群由於近親繁殖而發展出嚴重的基因缺陷，很可能正是如此才會絕種。

俄羅斯正在西伯利亞發展一項「更新世公園」（Pleistocene Park）的計畫。但即使丘奇成功了，也無法保證重生的猛獁象有地方可以生活。這也是我們復育任何物種時一定得要面臨的問題。

最後我想說，如果把在猛獁象、渡渡鳥（dodo），以及旅鴿（passenger pigeon）這些深具魅力但已不復存在的動物身上投入的金錢和心力，用來挽救無數目前仍活著但瀕臨絕種的物種，也許會更好吧。

天空為什麼是藍的？

　　即使是這麼簡潔的問題，其中仍有微妙之處，但答案的主軸已經非常清楚：因為陽光是白色的，穿越地球的大氣層時一定會受到折損。陽光與空氣分子碰撞後會往四面八方散射，但波長較短的陽光比波長長的陽光還容易散射，因此光譜上紫色和藍色端的陽光，散射程度會比紅色、黃色、綠色還多。

　　如果太陽位在東邊，你在西邊看向天空，那你眼中所見的藍色，就是被散射的太陽光射入你的眼中。但如果你在日出或日落時看向太陽，天空看起來就會是紅色或橘色；那是因為太陽靠近地平線，你得穿過更多的大氣才看得到陽光，因此只能看到太陽光譜中最能抵抗散射的一小部分：紅色與橘色。

那為什麼天空看起來不是紫色的呢？畢竟紫光的波長比藍光短，受大氣層的散射應該更多才對。有兩個因素排除了此可能性：一個是陽光光譜中紫色的部分，沒有藍色那麼強烈，因此紫光本來就比較少；另一個因素是，我們的眼睛對紫色的敏銳度不如藍色。但如果是這樣，我們為何還看得到彩虹裡的紫色呢？那是因為彩虹裡的紫色色帶會被其他顏色區分出來，但在豔陽下的天空則沒有。

　　不過，關於天空的藍，確實有些古怪的地方：因為我們並不確定，過去的人類都能看到藍色這個顏色。或至少，我們看到了卻沒有意識到，以致於沒有為他取個名字。你可能會覺得，這真是矛盾的話題！

　　這最早是源自於古希臘詩人荷馬（Homer），他寫了《依里亞德》（*Iliad*）和《奧德賽》（*Odyssey*）這兩部作品，一般認為這兩部史詩是在約 2700 百年前撰寫。有很多研究專門針對這兩本書，但其中最奇怪的一項研究是去計算書中提到不同顏色的次數。次數如下：黑色 200 次，白色 100 次，紅色不到 15 次，黃色與綠色不到 10 次，而藍色竟是 0 次。0 次！而根據荷馬的描述，海洋是「酒紅色」，並非藍色；牛也是一樣，其中有段描述，羊甚至是「紫色的」。

　　這份荷馬作品的研究引起了人們對此主題的關注。後續有調查顯示，許多古老的語言中也缺少藍色的相關文字，也沒有其他顏色的名稱。事實上，顏色首次現身於語言中時，也出現了明顯的跨文化順序：先是黑色與白色，接著是紅色，接著是黃色與綠色，最後才是藍色。

　　所以要怎麼解釋呢？荷馬是一位詩人（只不過「他」很可能特別與眾不同）；顏色的詞彙也許單純是藝術家的選擇。但經證實，其他的語言中是漸進式地融入顏色字彙，使其更富趣味。也有少數實驗顯示，不同文化看待顏色的角度，或標示似乎不同。其中一個是非洲部落——辛巴族（Himba），能夠分辨出綠色光影中非常細微的差異，但這些光影對我們大多數人而言完全一樣，雖然如此，他們仍無法從綠色中分辨出一塊的藍色。

不過，為什麼是黑色與白色，接著紅色，接著黃色，和最後的藍色這樣的分層呢？有個看法是這樣的，我們不需要標示顏色，除非要使用它們來加工。因此，古埃及人的確有藍色的詞彙，即使不是唯一，但埃及是非常少數會使用藍染的古文明之一。既然會用，就要為它取名！這可能說明了紅色的字彙比較受歡迎的原因，紅色是常用的染料，當然還有，血的顏色就是紅色。

　　藍色的詞彙如此稀少還有另一個原因，那就是大自然中很少有藍色的事物。沒有藍色的植物，自然界少有藍色的花，也沒有藍色的動物；遠古時代，大多數地中海或中東人並不是藍眼。但是在北美，我們有藍色的鳥：冠藍鴉、藍松雀、藍翼水鴨、藍知更鳥，當然還有天空。

　　以上所言並不是在暗示我們的視覺經過幾千年來已經改變；而是認為除非特定顏色有一定的重要性，否則不一定要有確切的字彙形容。那麼荷馬或其他遠古時代的智者，是怎麼形容頭頂上的天空呢？當然，天空有時灰濛濛的，有時甚至是灰色或黑色，在日落和黎明時又會是紅色和橘色。那日正當中的時候呢？

　　我不知道，但是談到這個議題，無法不提塞繆爾‧巴特勒（Samuel Butler）在 1900 年《奧德

玫瑰花是紅色的，紫羅蘭是……藍色？

賽》譯本中，有幾句是這麼寫的：「嶄新的清晨，垂著玫瑰色指頭的黎明」（這很合理）、「灰色的海」（黑色加上白色），還有「安菲特里特深藍色的海浪」。啊！我可能還沒有真正找到什麼重要資訊，有鑑於這是 21 世紀對古希臘文的翻譯，巴特勒可能只是單純翻譯出荷馬用來指稱藍色的文字，甚至毫無誇大。

我們有可能打造一部太空電梯嗎？

你曾經搭過最高的電梯是幾層樓？60 層？70 層？100 層？那麼，1200 萬層高的電梯呢？即使是搭乘目前已有的高速電梯，這樣的高度仍是一趟漫長的旅程。然而，從地球表面到大氣層的上限──外太空，就是這麼遠的距離。

打造一部太空電梯並不是辦不到，只是非常困難──難度大約與建造一座橫跨全世界的吊橋一樣。首先要解決的問題是，電梯井道不能從地面往上蓋；世界上還沒有任何建材足以支撐如此龐然大物。你需要跟一座山一樣大的地基，即使有了地基，早在電梯抵達運行軌道之前，本身的重量就足以壓垮一切。

上樓嗎？

但有個好消息！相較於從最底部開始，改從繞著地球運行的衛星裝配電梯井道，隨著電梯建造，穿越星球的大氣層往下。物理學家很讚賞這個方法：隨著電梯建造，形成的高塔會繃緊而非擠壓，有助於預防倒塌。

你知道嗎……太空電梯的概念，是發想於所謂地球同步衛星（geostationary satellites）。1945 年，科幻小說作家亞瑟・查理斯・克拉克（Arthur C. Clarke）指出，如果把衛星發射到赤道上空確切高度的軌道上（離赤道 22,369 哩，或 36,000 公里），該衛星會以相同於地球自轉的速度繞行地球，且從地面上看，似乎完全沒在動。

克拉克提出如此聰明的想法，但卻沒有採取進一步行動。反倒是一名俄羅斯科學家尤里・阿特蘇塔諾夫（Yuri Artsutanov）行動了。阿特蘇塔諾夫問道：如果衛星可以一直固定不動地在地球上方盤旋，為什麼不能將 2 個衛星連成一線呢？那如果電梯井道也加入這條連線，就有可能讓電梯升到太空中，而不用靠火箭（雖然近來已將太空電梯想像成一條電纜上有等量的吊籃上下移動）。

但是，在這個突破性的發展之前，還有一個很重要的小細節要解決。當井道往下裝配時，其感受到的引力，會使其更靠近地球，將衛星拖離軌道。為了阻止衛星脫軌，就必須以相等質量的

電纜，超過衛星延伸進入太空，才能往上施加相等的力量，以抗衡將電梯拉向地球的拉力。

這樣兩頭牽拉的做法，可大幅降低部分風險，但也有其挑戰；例如，電梯井道／電纜碰到地球時，如果那條用來保持穩定的延長電纜之直徑也差不多，那就必須要長達62,137哩（10萬公里）以上。往上和往下延伸的電纜一整套裝置，約為地球到月球距離的1/3。有人建議這樣解決（如果真的可以稱為解決的話）捕捉一顆小行星，拖到電梯的正上方，便可以用比較扎實的物體提供必要的質量。

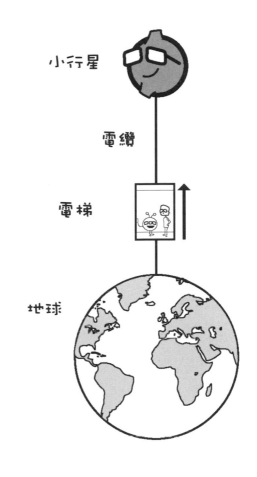

該想法在1970年代首次提出時，還沒有夠強健的材料能建造那麼大的太空電梯。當時最好的建議是特殊形式的碳，像水晶或石墨，但當時產量仍然不足。幸好，強健材料的科學自當時起已經又發展了很長一段時間，奈米技術完全改變了局勢。

目前可以找到的最佳材料是一種特有的碳，稱爲巴克明斯特富勒烯（buckminsterfullerene），以發明者巴克明斯特・富勒（Buckminster Fuller）爲名，因爲該分子可以形成微網格圓頂，與他的設計相似。但它們也能製成「巴克管」（buckytubes）這種管子。巴克管非常不可思議，不會斷裂又能抗張力（太空電梯必須抵抗的主要力量），而一段以巴克管製成的纜繩厚度不到1吋，但卻比同樣長度的鋼纜還要強數百倍，同時重量只有鋼纜的1/6；但是巴克管纜繩還無法製造。另外還有其他實驗性的材質，但要發展到眞正能使用，還有很長的路要走。

科學假相！ 提出地球同步軌道中的人造衛星的想法之後，亞瑟・查理斯・克拉克提議以鐵路的方式將幾個衛星串連在一起，形成「環狀城市」。巴克明斯特・富勒在1951年建議，可以在赤道上空建造一座「環狀橋」，讓人們可以從地球的一處爬上橋，旅行一小段路之後，從另一處下降到地面。

　　你可能會想，建造太空電梯還會有一些其他的問題。如果電纜斷掉怎麼辦？或如果飛機撞到電梯呢？或假如你跟一大群你不喜歡的人一起被困在離地面9,321哩（15,000公里）處，該如何是好？儘管還有更多的挑戰，但想造一部太空電梯的想法依然存在。

國際太空電梯聯盟（International Space Elevator Consortium）的主席彼得 · 斯旺（Peter Swan）2017 年時提出一份報告，說明需要打造一部太空電梯的原因。他答辯指出，太空電梯可以讓人們用便宜、安全且對環境更友善的方式進入太空，開啓前所未有的探測機會與商機。

斯旺對於電梯的願景，是用一條 1 公尺寬的帶狀物，讓小電動車靠著摩擦力攀爬其上。他坦承至少還要再過 10 年，才能找到合宜的碳奈米管或同樣的物質製造該帶狀物，但他現在不但樂觀看待，甚至富有詩意地指出，火箭升空時震耳欲聾的聲響，與電梯上升時產生的噪音相比，電梯的聲音就像「對著池塘灑花瓣」。

太空電梯可能只是在訓練我們的想像力，或有可能遠遠不僅於此。但所有這些虛構和可能的事實都顯示，對於未來某一天有機會可以貼著玻璃門，從 22,369 哩（36,000 公里）高空往下看的想法，我們都深受吸引。

如果月球消失了
會怎麼樣？

　　月球滿是坑洞的表面證明它終其一生都受到數不清的太空岩石撞擊，我們甚至沒發現一直不斷有大塊的石頭撞擊月球。但在 1187 年時人們可能曾經注意到，那一年 6 月，英國坎特伯雷（Canterbury）的一位修士，表示自己看到火焰把新月分成兩半。在當時可能是太空岩石飛過，但照理說應該會留下一個巨大的凹坑才對，不過卻沒找到任何坑洞可以說服天文學家是受到撞擊。

　　雖然那次的碰撞顯然沒有引起一場流星雨，不過卻在地球上發現 100 多顆的隕石是從月球而來。當時並未針對這場衝擊確實計算坑洞，但有可能多達數百萬個。

噢！

科學真相！月球形成時，與地球的距離比現在還要近很多。當時只需要 6 天左右就能繞地球一圈，而不像現在大約要 28 天。滿月時的景象很驚人，月亮看起來跟花盆墊盤差不多大，比現在還大 16 倍，而不像現在跟拿著一顆藥丸伸長手看到的直徑一樣。而且每隔幾天就會發生 1 次日全食。

月球很大，需要一個也差不多大的小行星把它撞裂，或甚至把它輕推出目前的軌道。就我們所知，我們所在的星系中沒有那麼大的小行星，更遑論要出現在會造成撞擊的軌道上。因此月球差不多位在它現在的位置；我說「差不多」是因為它正慢慢地遠離我們——但移動的速度不足以引起我們的注意，每年大約後退 1.49 吋（3.78 公分），大約跟指甲一整年生長的速度一樣。

為什麼呢？自從 45 億年前，太空岩石大規模碰撞形成月球後，它就開始默默從我們身邊溜走，因為潮汐不只存在於我們熟悉的海洋中，也會交換：潮汐力（tidal forces）就是地球對月球施加的力量。因為地球旋轉的速度比較快，因此拖曳潮汐隆起（tidal bulge）的時間會比月球稍微早一點，而該隆起之質量的引力則會拖著月球一起。這就減慢了地球旋轉的速度，同時稍微讓月球加速。這個現象使得月球會轉移到更高的軌道。

那如果月球真的消失了會如何呢？會有什麼不同嗎？

如果把地球想成一個陀螺，現在它大約從中央傾斜了 23 度。

好幾萬年以來，地球一直在晃動，但幅度不大。月球強大的引力影響，對於穩定地球的傾斜很重要。如果月球突然消失了，據估算傾斜角度從 0 度（完全垂直）到 85 度（幾乎躺下）都有可能。由於地球的傾斜造就了季節變化，緩慢地晃動便是週期性冰河時期的主因，如果出現巨大變動，將會招致災難。

你知道嗎……有人推測，地球上的生物有可能起源於潮間帶，在月球離我們比較近的久遠年代，潮汐落差比現在還要大很多。

　　芬迪灣（Bay of Fundy）誇張的潮汐和夏威夷精彩的衝浪？大概都不復在。當然，太陽會對地球造成一些潮汐力，因此潮汐不會完全消失；但是不會再像現在那麼顯著。這也會對數以千計的生物造成劇烈影響，有些生物的生命週期完全是靠陰曆調節的。而我也說過，太空岩石的撞擊造成了月球上數百萬個坑洞。如果沒有月球攔住那些石頭，我們可能就會遭受同樣的撞擊。

　　這會對人類產生什麼影響呢？如果我們沒有死於劇烈的氣候變遷或小行星，生活仍會產生變化。平時因月光沖消宇宙其餘空間而感到惱火的觀星者也許會感到高興（但他們就會錯過月食），但其他人的夜晚再也沒有月光照耀。少了月球，也會讓浪漫的人以及老派歌曲的創作者感到失望；再也沒有太空人是不是真的登

陸過月球的陰謀論；狼不會再對著月亮嚎叫，牛沒有月亮可以跳，當然，滿月時也不會再出現古怪的人類行為。

等等，即使你曾經聽說過這樣的傳言，但滿月時並不會出現古怪的行為。犯罪率不會比較高，進醫院的人沒有比較多，出生率也不會上升，自殺或謀殺案也不會增多，什麼改變都沒有。雖然謠言仍不斷流傳，但研究揭露了真相：滿月並不會導致人類行為出現明顯的變化。

夜空為什麼黯黑無光？

　　這個問題似乎很簡單。即使是在星光最燦爛、適合觀星的夜晚，大部分天空仍然黯黑無光。這裡一顆星星，那裡一顆星星，但都非常小，因為星光不足以照亮夜空。夜空非常暗，星系之間的空間，比你看到的光還要暗百萬倍。

　　乍看之下，外太空很暗是合理的；但你還漏了一些事 —— 星星會發光。而天上有好幾十億顆星星，光是銀河系的星星，大概就有 1000 億顆之多。這還只是在我們的星系而已。除了我們的太陽系以外，還有數千億個星系存在，這是透過哈伯太空望遠鏡（Hubble Space Telescope）觀測的結果。因此可以保證，只要看著夜空，一定能看到一整片星星，或如果你喜歡的話，也可以說是一整片星系。

　　根據物理定律，星星群聚在星系中或各自分散並不重要，但看起來應該要閃閃發光。物理學也推論，無論你從哪裡看，任一處夜空都應該像太陽表面一樣亮。所以這就浮現了一個巨大的謎

團，人稱歐伯斯悖論（Olbers' paradox）。天文學家爭辯歐伯斯悖論時，主要有兩個理論出線。

一個理論將夜空中的黑暗，歸因於自大爆炸（Big Bang）就開始的宇宙擴張。所謂的大爆炸並不是像廚房發生爆炸，所有東西四處飛散那樣；而是太空自己擴張。

因為這樣的擴張，星系之間的空間變大，因此其他星系逐漸地遠離我們。在這樣的情況下，星系發出的亮光會經歷物質轉移，也就是我們熟悉的聲音現象 —— 都卜勒效應（Doppler effect）。聽聽火車或救護車接近時發出的汽笛聲、警報聲或引擎聲；車子愈靠近我們，聲音的音調愈高；隨著車子逐漸遠離，聲音聽起來會變成低音。會有這樣的變化是因為聲波會在汽車靠近時聚集在一起（音調較高），車子經過之後則會舒展散開（音調較低）。

看起來，宇宙似乎不是唯一會膨脹的東西。

光也一樣。當光源以很快的速度遠離時，可見光的整個光譜會仿照前面提到的救護車的例子，舒展擴散。光波舒展擴散到一定程度，就會脫離可見的光譜，成爲紅外光、微波，或甚至無線電波，這些我們的肉眼全都看不見。即便如此，此效應也只是光線減弱的兩個因素之一，還不足以導致夜空變得這麼暗。而且有部分科學家指出，因爲高速而產生的光的轉換，應該也會發生在光譜的另一端，所以看不見的紫外光光波應該也會舒展擴散，變得比較看得見，而非消失。所以此謎團依舊未解。

　　與黑暗的太空有關的另一個主要因素是宇宙的年齡——138.2億年。沒有星系比這更高齡了。實際上，第一顆星星約比該日期晚了 2 億年才開始發亮，而最早的星系在此之後才出線。意思是，目前可見的星系，都不可能比 138.2 億光年還遠，那是當時該星系發出的光傳播的最遠距離。因爲光的速度有限，因此一定有更遠的星系已經發光但還沒抵達我們眼中。星系會熄滅並終結也是事實，新的星系隨時都在發生，但宇宙不斷擴張甚至還加速，可以保證其中一定有許多星系會被擠出去。試著想像頭頂上有一個大約 130 億光年遠的不透明穹頂，我們永遠都不可能看到另一頭。

　　「星星那麼多，但星光很微弱」的悖論，多年來吸引了許多大思想家探究。有名的彗星專家愛德蒙・哈雷（Edmund Halley）曾經寫過這件事；80 年後，威廉・奧伯斯（Wilhelm Olbers）對此獻出自己的名字，並提出一套理論，認爲光是被星星之間的物質截斷了。很不幸地，他無法加以表揚預料到他想法的人，但無論如何他們都錯了，因爲任何能截斷星光的物質，一定會發熱，

最後高溫到自己本身就足以發光。

　　不過，最出乎意料的貢獻則是來自詩人暨短篇小說作家埃德加 · 愛倫 · 坡（Edgar Allan Poe），顯然他也是一位宇宙學家。在 1848 年發表的《我得之矣（Eureka: A Prose Poem）》中，他預見了星系年齡的重要性。他認為要解釋為何夜空如此黯淡，只能假設那片無形的背景實在太過浩瀚無垠深不可測，因此從背景散發出的光束沒有任何一絲有辦法到達我們眼中。

　　考量到那個年代對宇宙還所知甚少，愛倫 · 坡的見解相當了不起。結果他的看法是正確的，從地球看天空永遠都會是黑的，因為太空中的光大部分距離都太遙遠了，無法到達我們眼中。

百慕達三角洲
危險在哪裡？

　　著名的百慕達三角洲（Bermuda Triangle），是位於海面上一處超過 50 萬平方公里的廣大海域，有超過 100 件以上無法解釋的災難與它有關。此三角洲，以佛羅里達、波多黎各，當然還有百慕達為三個頂點。

　　所以百慕達三角洲真的有什麼危險之處嗎？如果是的話，危險在哪呢？有些理論主張，飛機和船會在百慕達三角洲離奇失蹤，是因為「水晶能量」造成；有些人則指出，是該區域內的異形干擾所導致；也有些人認為是神靈引起的；或是大烏賊、穿越時空的出入口。在你（連同神靈和大烏賊的理論一起）深陷在超自然現象的漩渦裡之前，我們先來看一下科學證據。

在三角洲失蹤的船和飛機，百年來都有諸多記錄。這些失蹤事件中，最著名的是 1945 年，5 架 TBM 復仇者號魚雷轟炸機和美國空軍（之後命名為迷航巡邏隊〔Lost Patrol〕）的失蹤事件。12 月 5 日下午 2 點後不久，飛機從羅德岱堡（Fort Lauderdale）起飛，進行常規的練習飛航。原訂計畫是往正東方飛越大西洋，參加短暫的轟炸訓練，然後再往更東方飛，接著往北，最後再往西回到基地。當天艦隊啟程時的天氣非常好，但飛機卻再也沒有回到基地。且完全沒有找到任何飛機的蹤跡，沒有殘骸，也沒有遺體。14 個人就此下落不明，謎團至今依然未解。

我們找到的唯一證據是飛行員的無線電通報，他們懷疑飛行員不知道自己身在何方：

「我不知道我們現在在哪裡，一定是上次轉彎之後迷失了方向。」

飛行隊長：「我的兩個羅盤都失效了，現在正試著找到佛羅里達的羅德岱堡，我飛在一片不連續的陸地上空，我確定現在是在礁島群（Keys）上方，但不知道距離還多遠，也不知道該怎麼去羅德岱堡。」

飛行隊長：「改變航線至 090 度（正東方）10 分鐘。」

「可惡，如果我們可以直接朝西飛，應該可以回到家。往西

啊，可惡！」

飛行隊長：「維持 270，我們飛得還不夠向東，可能掉頭再往東飛。」

飛行隊長：「所有的飛機集合……除非能著陸降落，否則我們必須迫降在水上……若第一架飛機的油量低於 10 加崙時，我們全都會墜毀。」

　　這些對話顯示，第 19 飛行中隊（Flight 19）的 5 位飛行員，包括飛行隊長自己（！），都對自己的所在位置感到困惑。他們有可能在嘗試找到回佛羅里達的航線時，不只飛錯一個方向，最後燃油耗盡而墜入海中。沒錯，他們的羅盤停止運作，而天氣變成暴風雨。但是，仍然沒有明確的解釋可以說明為何這 5 名飛行員會這麼嚴重地迷失方向。

　　這 5 架飛機一起失蹤就已經夠不尋常了，更何況之後派出一架飛機搜索後，又有 13 個人喪命。搜救飛機 PBM-5 起飛後 3 分鐘以無線電回報基地，而這是他們發出的最後一則訊息。20 分鐘後，海上的一艘船——SS Gaines Mills 回報表示目擊了一場爆炸，「火焰高達 100 呎高」。不久，那艘船航行通過浮著油和飛機燃油的一處海域。墜毀的搜救機據說不斷有漏油的問題，但即使精確地描述了爆炸發生地點，但卻不曾找到任何一塊飛機殘骸。

科學假相！百慕達三角洲是亞特蘭提斯城（city of Atlantis）最後的落腳處……或這只是保羅・溫斯維格（Paul Weinzweig）和寶琳娜・扎利斯基（Pauline Zalitzki）的説法。這兩位科學家聲稱，曾在百慕達三角洲的海面上拍攝到失落帝國的獅身人面像和金字塔的影像。但此處有個問題：根據這些發現的位置，亞特蘭提斯僅位於海平面下幾百公尺，那麼它會是個非常潮溼的城市。後來溫斯維格坦承，他在海面上發現的金字塔形狀，有可能是自然生成，根本不是來自亞特蘭提斯。

美國海軍「獨眼巨人號」（USS Cyclops）在 1918 年忽然杳無音訊，這艘船載了 300 多名乘客，是百慕達三角洲另一件眾所周知的失蹤事件。那艘船載了約 1 萬 1 千噸的錳礦，比容納量還超出好幾噸的嚴重超載，很可能因此在暴風氣候中不堪一擊。它的另外兩艘姊妹船，之後也疑似因結構缺陷而沉沒。

最近一次嘗試解釋百慕達三角洲眾多失蹤事件的「古怪」推測，則是以較科學的角度切入。美國的科學頻道（Science Channel）提出一項理論，認為三角洲上方的衛星影像中能看到罕見的六角雲，可能與此處發生的災難有關。根據報告，六角雲會產生微爆氣流，「空氣炸彈」會以高達每小時 186 哩（300 公里）的速度往下衝。這種氣流顯然會對船隻和飛機造成危險，但截至目前為止，此理論尚無法證實。

重點是，雖然關於百慕達三角洲的失蹤事件仍無明確的解釋，但大部分案例中，較合理的證據顯示是機械故障和天氣因素所造成，而不是烏賊、水晶，或神靈。最後，關於百慕達三角洲，最危險的似乎是對其存在深信不疑。

三角形？
我只吃八角形。

什麼是瀕死經驗？

　　獨特的瀕死經驗（near-death experience, NDE）很容易形容，但迄今為止，仍無法提出確切的定義。

　　有些重病或受重傷的人，在心跳停止、腦部電活動呈一直線之際，會非常接近死亡，這並不足為奇；如果該狀況持續就會死亡。但有許多人會在最後關頭被搶救回來，過著正常的生活。

　　其中，有少數人表示他們曾有瀕臨死亡的經驗。這可能牽涉到靈魂出竅：靈魂在手術台上方盤旋，往下看著自己失去意識的肉體；或通過一條長長的隧道，隧道盡頭有一道白光、見到已過世的家人和朋友、感覺在宇宙中飄浮；或遇到某種神明。也有一些瀕死經驗並不那麼愉快——充滿完全虛無的感覺，或身處滿是惡魔之地受到動物威脅，但是這類的經驗比正向的經驗還更罕見。

　　發生了什麼讓瀕臨死亡的人出現如此生動的畫面呢？可以歸結於一點：如果人在腦部無活動時而出現瀕死經驗，代表精神活動很有可能可以不

我也是。

我正在靈魂出竅。

受大腦影響地單獨發生。此概念受到許多人擁戴，這是典型的「靈魂」信仰內容。但科學家堅信，我們的精神生活是由大腦產生，因此也不會出現在其他地方。

2001 年，一個荷蘭科學研究團隊在醫學期刊《柳葉刀》（Lancet）上，發表了他們對於心跳停止的患者其瀕死經驗的研究。他們在心跳停止和推斷大腦已死亡的期間，發現其中有一小段時間，是這些患者唯一有可能體驗到瀕死的時刻。研究人員提問：怎麼可能在大腦不再運轉的時候，還有清楚的意識可以脫離身體體驗這段經歷？

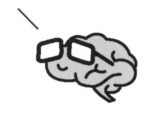

我思故你在。

他們研究的患者中，有顯著瀕死經驗的人不到 10%，但那些有相關經歷的人談到的細節相當怪異：有個男人還明確記得醫師當時在他身邊做的事，包括取下他的假牙。他甚至可以感覺到醫療團隊籠罩在悲觀的情緒中。

可以想見，其他科學家對該荷蘭團隊的發現會出現什麼反應。同一期《柳葉刀》期刊的一篇評論便主張，很難證實患者的瀕死經驗確實發生在大腦沒有活動的期間，而不是在大腦停止活動之前或之後。也有人懷疑該報告的真實性，因為有好幾個人原本說

他們不曾有瀕死經驗，但 2 年後再次詢問時全都改口。該荷蘭團隊辯稱，因為他們的患者大多數不曾遊走死亡邊緣，大腦對高濃度二氧化碳或低濃度氧氣產生反應之標準科學解釋，在這裡說不通。否則，幾乎所有患者都會有那些經歷。

針對 2001 年這份研究的疑慮，我們直接聚焦在質疑點：當確切的證據顯示大腦已經沒有活動的情況下，還會有任何精神活動嗎？又要怎麼確認聲稱自己有瀕死經驗的人，故事所言為真？

你知道嗎……1977 年，西雅圖一家醫院裡，一位名叫瑪利亞的婦人心跳突然停止。她後來甦醒了，隔一天，她表示自己飄盪在手術台上方並看見了自己，往外看時在窗台看到一隻特別的網球鞋。事後有找到那隻鞋，細節也與瑪利亞的描述相符。這似乎暗示著這是一次靈魂出竅的瀕死經驗。但事後有兩名對此感到懷疑的人回到醫院，也在同一個窗台放了一隻鞋。他們發現兩件事：第一，從地面上很容易就能看到那隻鞋，瑪利亞在場時，有可能有人提過。但更糟糕的是，有關那隻鞋的所有細節，從醫院病房內也能看得到，甚至躺在病床上也看得一清二楚。

最近有一份研究，就利用了許多瀕死經驗都包含靈魂出竅經歷的現象做實驗，而靈魂出竅的經歷通常是患者從空中往下看著自己和醫療團隊。平常若發生這樣的狀況令人無法置信，更不用

說是在心跳停止的情況下！在此案例中，研究人員在手術室可能進行急救處置的地方安裝了架子，然後在那些架子上放一些物品，只有飄在半空中的人才看得到。

超過 2000 例因心跳停止而入院的病例中，只有 330 位患者活下來，而其中只有少數病例是瀕死經驗的關注個案。到最後，只有一名患者能夠描述出他心跳停止期間可能可以接受驗證的事件，但很不幸地，病人描述的情境中，完全沒有一件事提到架子上的東西。

不過偶爾會有一些小型的研究，顯示瀕死經驗還是值得深究。一份 2017 年初的加拿大研究發現，移除了維生裝置的 4 名患者中，有一名在心跳停止後仍顯示罕見的腦波活動長達 10 分鐘。雖然完全出乎意料，但那只是單一案例。另一份在大鼠上進行的近期研究顯示，心跳剛停止時有密集的大腦活動，是和清醒大鼠腦部活動很相似的凸起波，甚至超出清醒大鼠的腦部活動。這個結果也很令人意外。像這樣的大腦活動是因為對腦電擊所造成的，或是囓齒動物的啟蒙？

對於瀕死經驗相信與否的這兩種人間，其意見分歧之所以令人沮喪，是因為他們爭執的重點正是科學最費解的謎題中心 —— 意識。人清醒的時候，大腦是如何產生想法、夢想、意念，和影像？要擁有這些一定要透過大腦嗎？許多相信瀕死經驗的人認為不需要；但科學家則持相反意見。

我臭故我在。

$$N = R_x \cdot f_p \cdot n_e \cdot f_l \cdot f_i \cdot f_c \cdot L$$

歷史謎團

彩虹為什麼有 7 色？

　　彩虹有 7 色要歸功於牛頓爵士（Isaac Newton），牛頓是史上最聰明（也最難相處）的科學家。常有人用滑稽的漫畫把他畫成頭被蘋果打到的矮胖男人，但這對牛頓並不公平，因為他是獨一無二的科學家。在他 20 出頭時，只花了一年半的時間，就發明了微積分，並提出理論說明重力和光。這後來成了眾所周知的牛頓奇蹟年（annus mirabilis），某種程度上這個頭銜不太正確，因為其實是用了一年半的時間。

　　我們認為牛頓是偉大的科學家，但他其實對神祕學也有涉獵。他是一名煉金術師，也是神學家，他在這兩個領域上貢獻的文字超過 200 萬字，是他在科學方面著作的 2 倍。

　　因為這些著作，約翰・梅納德・凱恩斯（John Maynard Keynes）不願意將牛頓視為第一位科學巨人，而是稱他為「空前絕後的魔術師」。

彩虹的顏色肯定有魔法在裡頭。我們對彩虹已經相當熟悉，所以無法想像牛頓第一次提出彩虹事實上是從陽光分解出來的顏色時，世人有多麼震驚。

你知道嗎……在肉眼可見的光譜之外，還有人體視網膜接收不到的波長，那些波長也許過長或過短。但是要想像彩虹的末端還不斷往外延伸並不難：紫色漸淡變成紫外線；紅色則被紅外線取代……。

多年來，牛頓聲稱陽光只由 5 種顏色構成：紅、黃、綠、藍和紫色。牛頓至少在 27 堂不同的課程中，為此數字辯護。接著，他突然就宣布應該在彩虹裡加入橘色和靛色；靛色夾在藍與紫之

間，而橘色則位於紅黃之間。發生了什麼事，促使牛頓加入這兩種顏色呢？

　　當時，牛頓已經能切割出陽光的組成色（或波長），並依現在熟悉的順序從紅色排到紫色，測量這些顏色在光譜上的相對距離。即便如此，他向來悉心解釋，雖然顏色不同，但每個顏色都是逐漸融入下一色，而沒有顯著的分界。紅、黃、綠、藍和紫色這5個基色在光譜上很突出，你可能可以或也許無法看出，但色與色之間的間隙還有其他的顏色，而不只是逐漸地融合。牛頓利用這一點，帶入他的兩個新色。

　　有些人表示，牛頓希望確立7個顏色，是因為「7」這個數字帶有神祕色彩。身為「空前絕後的魔術師」，他信奉數字7，因為這個數字不只說明了太陽系（在當時），也代表普通金屬。有些人認為，他單純只是利用藝術家的「色環」，描繪出他自己對顏色的想法，而其中有些能用可見光譜切成7色。有些人則認為，牛頓自己的色環裡有畫家的印記，因為有些顏色的位置對畫家而言很合理，但對科學家而言則否。

　　但我最喜歡的見解是，他想將陽光中的顏色與音樂連結，也許是因為兩者都有精確的數學基礎。牛頓曾針對音樂與重力間的數學關聯

性寫過文章。在牛頓的那個時代，音階是對稱的，由 5 個完全分隔的全音音符，和另外兩個與鄰近音階只差半音的音符組成，總共 7 個音符。牛頓在該理論主張，若將橘色和靛色加入，他的光階便能完全符合音階。把光的顏色比作大家熟知的觀念，便可讓他的光的理論更容易理解，但那充其量只是近似值，因為音符是由一種數學關係決定的，而彩虹的顏色則是另一種。

　　沒有人知道牛頓為什麼想把彩虹與音樂銜接在一起，儘管他一度坦承他並不特別擅長區分彩虹相鄰兩色間的邊界。或許音階可以幫助他做出判斷。無論如何，牛頓可能是利用音樂，幫助他創造出現今我們熟知的彩虹光譜。

你知道嗎……關於牛頓的彩虹，最知名的演繹是平克・佛洛依德（Pink Floyd）《*月之暗面*》（*Dark Side of the Moon*）那張專輯的封面。大多數人並不知道封面上的彩虹只有 6 色，而不是標準的 7 色，或甚至牛頓不停攪和的 5 色。少了的那一色呢？我覺得看起來應該是靛色。

第二部
人體

人為什麼會打嗝？
該怎麼停止打嗝？

請讓我一一解答這兩個問題。事實上，第一個問題「人為什麼會打嗝」本身就涵蓋了兩個問題：打嗝是發生什麼事？以及我們的身體為何容易打嗝？

身體發生了什麼事，要講解起來稍微有點複雜。因為這牽涉到大腦與胸腔的肌群，尤其是橫膈膜。橫膈膜位於胃的正上方，橫膈膜的活動讓身體能夠呼吸。當橫膈膜放鬆時會上升，空氣會被壓出肺部；橫膈膜收縮時則會往下移動，空氣會被吸入肺部。而打嗝時，某部分大腦會要求延腦告訴橫膈膜立刻下降。通常，那代表你吞入一大口空氣，但明確的說是吸了那一大口氣後的 3,5000 分之一秒，聲帶之間的空腔（即聲門）突然關閉，空氣便無法進入。這就是打嗝。而打嗝發出的聲音便完全是整個過程的寫照：空氣非常非常短暫地湧入，又幾乎立刻被截斷。

嬰兒打嗝比成人打嗝還要常見，胎兒可能更普遍。事實上，曾經有人在超音波上看過 8 週大的胎兒就會打嗝，一次打嗝好幾分鐘，但其實他們的橫膈膜尚未完全成形。而隨著我們長大，打嗝的次數就會逐漸減少。

科學真相！ 似乎只有哺乳動物才會打嗝。曾經出現的例子有老鼠、貓、兔子、馬和狗，但卻從來不曾發生在爬蟲類、鳥類或兩棲類動物身上。

打嗝有兩個主要成因，一個是受到刺激的立即反應。許多事都會促使身體打嗝，包括太多的酒精、太多的食物（尤其是非常辣的食物）、氣泡飲料，和長時間瘋狂大笑。這些事情大多會造成連續打嗝好幾分鐘，或甚至一、兩個小時才停下來。但打嗝也有可能是各種健康問題所引起，包括胃酸逆流、潰瘍、顳骨骨折、

各種感染問題、多發性硬化症，以及大腦中有血塊等。曾經有一件離奇的案例，有個人耳道裡有根頭髮一直在搔他的鼓膜，所以引發了打嗝。這麼多不同的情況都會引發打嗝，雖然好像有點怪，但試想一下，由於大腦裡有許多神經穿繞，光是打一個嗝就會牽涉到橫膈膜和許多其他的肌肉，這一切就比較說得通了。

事實上，打嗝打很久的案例，比你想像的還要普遍。某份從 1935 到 1963 年的研究報告指出，有 220 個案例連續打嗝了至少 2 天，其中大多數持續超過 2 個月。而深受打嗝不止所苦的男性是女性的 9 倍。大部分連續打嗝很久的人，會有好幾天不停地打嗝，然後又停止數天完全不打嗝。

你知道嗎……連續打嗝最久的世界紀錄保持人為已逝的查理斯・奧斯彭（Charles Osborne），他從 1922 年，28 歲時就開始打嗝，一直持續到 1990 年，68 歲！你可能會想，這樣不斷打嗝會導致他的生活完全失序，但他拉拔大了他的 8 個孩子，事業也很成功。不過，他打嗝打了 68 年之久，卻在打嗝停止後沒幾個月就過世了，真是令人哀傷又諷刺。

而身體最一開始為什麼會有打嗝的機制呢？打嗝跟嘔吐、作嘔、咳嗽不一樣，並無法有效地排出體內的有毒物質，或清除呼吸道。年幼時常打嗝，以及只有哺乳動物會打嗝這件事，使得

安大略京斯頓皇后大學（Queen's University ）的丹尼爾‧霍茲（Daniel Howes）博士認為，打嗝對哺乳動物的嬰兒至關重要。霍茲主張，嬰兒在吸奶時會吞入大量空氣，而這些空氣可能會妨礙流入的乳汁；打嗝可以在胸腔形成一些真空空間，將那些空氣往上拉進食道，接著嗝出，便有空間容納更多乳汁。

我打嗝了。

試著閉氣看看。

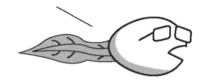
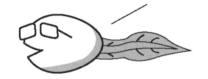

　另一個聳動的觀點，是認為打嗝是遠古時期，當蝌蚪（或其祖先）透過鰓或肺適應呼吸時留下的後遺症。要從一種呼吸狀態轉換到另一種，必須關閉流入肺部的氣流，同時又要打開流經鰓的水流，大概跟擴張胸腔又閉合聲門一樣。我們的身體有很多可以回溯至幾百萬年前的神經密碼指令，難道打嗝不是其中之一嗎？

　有鑑於打嗝的機制如此複雜，也難怪有望成功止嗝的療法清單落落長一串。藥物治療要到最嚴重的時候才會採用，但還有一大堆民俗療法，其中有些還蠻具有科學根據的。

試試看！下次打嗝的時候，試試看連續吞嚥 10 次，然後閉氣。這是我最喜歡的方法，而這項民俗療法背後的科學根據也站得住腳：因為閉氣會提升血液中的二氧化碳濃度。二氧化碳濃度確切的運作機制目前還不清楚，但它可以安撫橫膈膜，從神經學而論，這樣比較不會觸發大量打嗝。和對著紙袋呼吸是一樣的原理。

 不要試！我爸媽教我從對側的杯緣喝水可以治療打嗝。換句話說，就是喝水的時候把杯子往妳身體的反方向傾斜。唯一的問題是：這通常會使打嗝更嚴重，還把水灑了一地。

受到大量引用的《新英格蘭醫學期刊》（*New England Journal of Medicine*）其發表的數據指出，滿滿一匙的粗糖可以治療打嗝。有一篇研究嘗試了這個方法 20 次，其中 19 次都有效，使其在該研究中名列有效方法的前幾名。1999 年，羅納德・高德斯坦（Ronald Goldstein）在《加拿大家庭醫學期刊》（*Canadian Family Physician*）的一篇文章中，聲稱請打嗝的人完全塞住耳朵，用吸管喝一大杯水就能解決問題，但很可惜他沒有任何統計數據能支持他的理論。

事實上，許多有關打嗝療法的研究，都沒什麼實質數據。一篇 2000 年發表的研究論文指出，性是打嗝的絕佳療法，但是該研究只提出了一個案例：此方法在某位打嗝打了 4 天的男子上發揮

效用。也有人說用 Q 牌棉籤（Q-tip）按摩喉嚨深處 1 分鐘能有效停止打嗝，但該方法只成功了 1 次。

　　所有療法當中，最讓人吃驚的無疑是手指直腸按摩（digital rectal massage），也就是用手指按摩。即使有 3 篇不同的研究報告都提到手指直腸按摩可治療打嗝，但仍只有少數患者嘗試過。我想這並不令人意外。除了有很多神經從直腸擴散出，並與身體其他部位相連這個論點以外，我們只能憑空猜想這個方法可以緩解打嗝的原理。且截至目前為止，我們還無法募集到志願者進行此研究。

為什麼無法搔自己癢？

乍看之下，這個問題似乎沒什麼太深遠的科學意義，但從達爾文開始，科學家便深深著迷於搔癢這件事，可見有其重要之處。

搔癢分為兩種。一種是由外力，如羽毛或棉棒，輕輕搔過皮膚造成搔癢。這種感覺比發癢還煩人，不會笑出來，但會突然用力的往後縮，感覺像是昆蟲在皮膚上爬。

要再更用力的搔癢才會讓我們笑，而且通常是無法克制的。即使笑了，但是否真的樂在其中有待商榷，因為我們也會掙扎地想要逃開。所以又引出了另一個問題：為什麼被搔癢時會笑？

你知道嗎……根據路易斯‧羅賓森（Louis Robinson）1907 年發表的《搔癢的科學》（The Science of Ticklishness）這篇文章，脖子、腋窩、肋骨、髖部、大腿，和膝膕窩，以及手肘內側，是身體最怕癢的部位。且不只是人類，各種猿類和猴子也一樣。他認為，這些部位怕癢大部分是因為其為肉搏戰時的要害，但是這並無法解釋為什麼腳底會怕癢！

達爾文認為，因為搔癢而笑和聽到笑話而笑，兩者的共通點在於「意料之外」的元素。你無法搔自己癢，你也無法說笑話給自己聽，因為這兩件事都不在意料之外。1970 年代早期，一個英國研究團隊打造了一個巧妙的搔癢箱，測試「意料之外」的概念。志願者把腳伸入箱子裡，然後有一個塑膠指針會搔他們癢。

搔癢箱的重要特色為指針可由接受搔癢的人或其他人控制。有 30 名大學生接受了搔癢試驗。結果呢？由其他人控制指針時，接受測試的受試者更癢。且當不知情的學生是由機器搔癢而非人時，他們發笑的程度一樣，證實搔癢不見得一定要由真人。

另一個實驗則是用羽毛取代指針。如果是由被搔癢者以外的人拿著羽毛，受試者則會覺得非常癢；但如果將羽毛放在被搔癢者的手上，並由搔癢者握著手控制羽毛移動，癢的感覺就變弱了。

可以再次證實，意料之外這個元素似乎使癢的感覺更強烈，但如果可以預期癢感，就不具相同的效果。

之後又對該實驗進行微調，以查明搔癢動作的時機重不重要。研究人員設定儀器，讓人可以用機器手搔自己癢。如果手的動作和搔癢之間沒有延遲，則搔癢時不會笑；但若手的動作和搔癢之間有延遲，搔癢時則會笑。延遲愈久，感覺愈癢，看來是因為感覺比較像別人在搔癢。

後來有另一個英國團隊使用大腦影像檢查更進一步試驗搔癢。該團隊能證實，當一個人搔自己癢時，大腦裡小腦的部分會受到活化。這並不令人意外，因為小腦是大腦後方的一大塊區域，在協調動作時舉足輕重。你在彈鋼琴或鎖螺絲時就會動用到小腦。研究人員認為，除了協調搔癢的動作以外，小腦還會告訴大腦其他部位，搔癢即將要開始了。

但是為何我們都已經知道快要被搔癢了，還是能笑得那麼厲害？斯德哥爾摩卡羅林斯卡學院（Karolinska Institute）的一個團隊回答了該問題。他們比較真的被搔癢和即將被搔癢兩組人的大腦活動，結果令人震驚，兩者似乎沒有顯著差異。科學家認為此結果的意思是大腦自己會準備行動。大多數情況下，當你收到要被搔癢的威脅時，你就會被搔癢。而此情況並不會危及生命（雖然感覺好像快沒命了），但有許多其他情況是實際動作的威脅的確會致命。大腦可以預先考量到即將發生的事，做好準備以行動和存活。

關於無法搔自己癢有一個有趣的例外——思覺失調症患者

（schizophrenic）。思覺失調症患者，通常無法分辨自己的行為和他人的行為。幻覺就是個很好的例子，他們會覺得聽到其他人的聲音，或覺得他們的生命受其他人控制。因此，如同思覺失調症患者有時會覺得自己聽到的聲音來自別人，他們也會在搔自己癢時認為是別人做的。事實上，不只是完全發病的人會有這樣的問題，有類似思覺失調症傾向（像妄想和古怪的行為與看法）的人也有這種問題。

科學真相！ 如果你真的怕癢，那你會比其他人更容易臉紅、哭泣、起雞皮疙瘩和大笑。

「夢」可能也可以加入傾向清單中，因為夢充滿了幻覺──當我們接收少量資訊時於短時間內構成一幕幕的戲劇。有個實驗確實顯示，有些受試者剛從夢中醒來時，對自我搔癢比較敏感。可惜但也有點懸的是，這些人都是女性；研究中占少數的男性並無該傾向。但由於該研究的規模很小，因此也不足採信。

相較於其他科學計畫，試著搞清楚為什麼無法搔自己癢，似乎不太重要，甚至有點不務正業，但事實上此問題牽涉到精神健康，也與我們能否區分自我與他人有密切關係。

什麼是宿醉？
該如何治癒？

　　人類第一次喝酒大約是從 8000 年前開始，而首次宿醉可能就發生在喝酒的隔天。但是，出乎意料地，目前仍無法確定造成宿醉的因素以及預防方法。

　　不管宿醉與否，人還是都會喝酒（粗估有 75% 喝酒的人都曾宿醉）。《英國醫學期刊》（British Medical Journal）有一份關於宿醉治療的科學研究坦承：「並沒有確切的證據顯示宿醉可有效遏止酒精攝取。」

　　雖然每個人的宿醉經驗都有各自的慘痛之處，但普遍公認（而且非常冗長！）的症狀清單如下：疲倦、頭痛、昏昏欲睡、口乾、暈眩、惡心、冒汗、焦慮，和各種不同的精神狀態影響，如無法專注和失憶。

另外有個驚人的事實：宿醉是出現於血液中的酒精濃度下降時，且在酒精從血流中消失時最為嚴重，之後症狀甚至會再持續 24 小時。這是為什麼呢？有兩個猜測，一是酒中的酒精代謝產物，二是酒精中的另一種化學物質正被消耗。

酒精經代謝後會變成乙醛（acetaldehyde）這種化學物質，之後會降解成醋酸鹽，最後變成二氧化碳和水。高濃度的乙醛已知會引起臉部潮紅，提高心跳速率、降低血壓、口乾、惡心和頭痛，以上恰恰都符合宿醉的表現。但是，乙醛在體內很快就會分解，因此它的角色可能不那麼重要。

對老鼠進行的實驗顯示，醋酸鹽可能還比較重要。實驗讓老鼠攝入純乙醇後，用短尼龍絲戳探眼睛周圍，測試其疼痛閾值。毫無疑問地，當牠們體內的酒精量降為 0 時，一被尼龍絲戳探就會退開；換句話說，這就跟人類的宿醉發作是同一時間。只是牠們對乙醛的反應不一樣。好消息是什麼？咖啡因似乎能緩解疼痛關注，因為早在 100 多年前就有人說咖啡具有緩解宿醉的效果。

另一個引起宿醉的罪魁禍首為同類物（congener）這種物質，是各種類型的酒精在發酵或蒸餾過程中形成的化學物質。根據造成的宿醉程度，還可以列出排行榜：琴酒和伏特加生成此種額外化學物質的量最少，而紅酒、波本酒，特別是白蘭地，生成的化學物質則最多。

在所有人類行為當中，喝酒可能是最違反研究設計的一種：隨機雙盲試驗，即讓受試者喝下安慰劑或酒精，但包含受試者本身和實驗人員，皆無法得知他們接受的是哪一種。我們都聽過這樣的故事，參加聚會的人被騙自己喝的是酒，然後就表現出了酒醉的樣子，但如果是在實驗室呢？喝到安慰劑的受試者難道不知道自己喝了什麼嗎？實驗者也看不出來嗎？因為很難確立引發症狀的確切原因，因此無法提出治癒方法。

雖然從 Google 搜尋「宿醉解方」或「宿醉療法」會得到千百個結果，但快速瀏覽一下就能知道幾乎沒有任何解決方法有科學驗證。這完全不意外。

有一篇科學回顧，將網路搜尋到的宿醉療法決選名單（包括阿斯匹靈、新鮮的空氣、蜂蜜、甘藍菜，以及至少 3 種版本的再喝下更多的酒），與相較之下數量少許多的實際研究做比對，推斷出即使這些確實是公開發表的科學文獻研究，亦不具太大意義。其暗示一些具有宿醉療效的東西，像仙人掌果（prickly pear）、朝鮮薊（artichoke）或乾酵母等，並未有足夠的受試者，部分則是有一些其他限制需要反覆研究。該作者總結表示，目前並無證據顯示，有任何有效的措施可以對付宿醉。

因此，我最後引用這段來自《英國醫學期刊》同一篇文章的內容：「最能避免酒精所引起的宿醉症狀的方法，就是練習戒酒或適量飲酒。」

什麼是小便定律？

　　雖然小便定律（law of urination）不太具有重力定律的作用，但其的確影響著我們的日常生活。其影響程度與重力不相上下，且事實上也確實受到重力影響。

　　小便定律指的是：所有大型動物（體重超過 7 磅，或 3 公斤的動物），小便時所花的時間都差不多。當然，並沒有任何定律推導出確切的數字，總是有異常值。因此說得更精確一點，該定律應該是：大型動物排空膀胱的時間，差不多都是持續 21 秒正負 13 秒左右。也就是說，尿得最慢的動物大概會超過半分鐘一點點，尿得最快的幾乎 8 秒就尿完了。

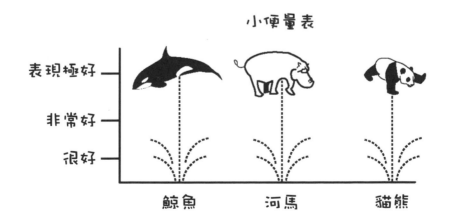

你知道嗎…… 小動物諸如老鼠這種體型的動物，無法產生尿流，只能用滴的。

　　如果你看到這裡就停了，那可能會錯過一些相當有趣的細節。因為雖然小便定律不過是某科學論文中的主題，但這篇論文可遠比幾組數字要有意思的多了。科學史上首次，由 YouTube 的影片提供了一些證據。喬治亞理工學院（Georgia Institute of Technology）的大衛·胡（David Hu）和一些人，在亞特蘭大動物園（Zoo Atlanta）等地方拍攝了 16 支影片，加上網路找的 28 支影片，並從影片中計算出體型大小不同的動物其小便時間。動物的體型差距超過 20 萬倍，從 0.066 磅（0.03 公斤）到 17,637 磅（8,000 公斤）都有。體型差距這麼懸殊，怎麼可能小便時間的範圍能縮到這麼小呢？

　　小便的管路系統占了很大一部分的原因。所有動物的尿道（也就是連結膀胱與體外世界的管路），長度都比寬度還要多 20 倍；其比例可以咖啡攪拌棒作為對照比較。老鼠的尿道就像一小段繩子，而大象的尿道則像水槽下的水管；即使體型懸殊，長對寬的比例卻是一致的。

　　膀胱也很重要。膀胱是肌肉組成的囊袋，會施加壓力排出尿液。為了排尿所施加的壓力，大約與 19.3 吋（49 公分）高的水柱

一樣。膀胱的大小也是一致的，體型較大的動物會按比例擁有等量容量的膀胱。

膀胱所施加的壓力和重力，是影響尿流最重要的兩個因子。膀胱比較大的動物，尿道也比較長。尿道長度愈長，壓力愈大，這要歸因於其上方所乘載的尿液重量，就如同愈往游泳池底部壓力愈大。因此，體型比較龐大的動物，尿流的速度也會比較快，牠們排尿的速度，足以跟上體型較小、尿液量比較少的生物。

在他們的分析中，該論文的作者提出兩項假設：第一，動物會在膀胱脹滿時小便；第二，動物小便時尿液會向下瞄準，因此用上全部的重力。這些假設在大多數情況下都成立，但還是有些值得注意的例外。有個例外只要溜過狗的人都知道，狗狗可以很奇妙地尿尿停停，因此可以每 1.5 分鐘就小便 1 次，或更有可能，牠們直接忍住不尿，因為牠們會標記自己的領地，一定不想在關鍵時刻用完自己的標記液體！

該尿還是忍住不尿？

至於重力，有<u>些</u>動物竭盡所能地違抗重力。比方說公貓熊，為了展現優越感，牠們會盡己所能地在樹的最高處留下自己的尿液。事實上，牠們小便時還會做貓熊倒立式，而要呈現這個姿勢，牠們會失去「正常」小便時所產生的大部分重力加速。但那正是展現優越的重點，不是嗎？真正雄偉的貓熊標本甚至完全不需要重力。

嘿！尿在我的樹上！

那當然。

科學真相或假象！有個傳說是這樣的（未經證實），1646 年，科學家布萊茲・巴斯卡（Blaise Pascal）發明了一個巴斯卡桶（Pascal's barrel）。他在一個裝滿水的桶子內，插入一條長 33 呎（10 公尺長）的管子；接著讓那條管子也充滿水。結果管子內的水所施加的壓力將桶子撐破了。正是這個機制，讓體型非常龐大的動物可以與小動物用一樣的速度小便。

顯然是受到此研究成功的鼓舞，同樣一群科學家接著測量不同動物排便的時間，也得到類似的結果。不論動物體型大小，不管是貓還是大象，一隻動物排便時間大約需要 12±7 秒。當然，該研究有發表在《軟物質》（*Soft Matter*）這份期刊上。

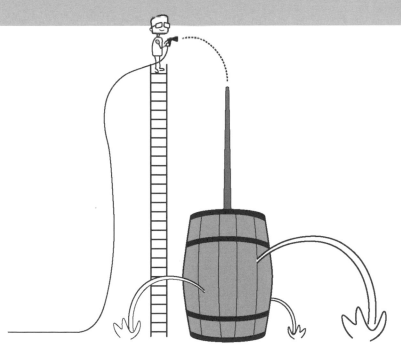

為什麼我不記得
2歲之前的事？

　　你可能已經在想，「等等！我記得我的第一個生日啊！」或「我第一次去尼加拉瓜瀑布旅行是我 1 歲半的時候。」但那些記憶很容易就能因反覆看照片或聽其他人轉述而形成，不一定是真的記得實際的經歷。不過，還是有些特別優秀的人，真的記得非常小的時候的事。但有這種能力的人，在人口比例中不到百分之1 至 2。

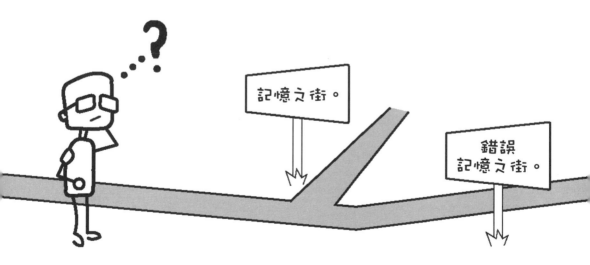

記憶之街。

錯誤
記憶之街。

對大多數人而言，可以回想起的最早記憶約是 3 歲至 3 歲半的記憶。兒童的大腦在那之前會迅速發展，但不知何故，在那段重要的過程中，儲存的記憶似乎都神祕消失了。

　　研究人員曾試著證明 2 歲以下的兒童有能力儲存記憶，但因為年紀非常小的孩子缺乏良好的語言指令，因此很難找到證據。不過，紐西蘭的心理學家哈琳・海恩（Harlene Hayne）和嘉柏麗・辛寇克（Gabrielle Simcock）發現了一個方法可以處理此問題，可以打造一種神奇縮小機（Magic Shrinking Machine）。

　　神奇縮小機可用於剛過 2 歲至剛過 3 歲的兒童身上。每個使用此儀器的兒童都會學習用拉桿打開燈，以啟動機器。其中一項實驗接著會在機器內放大型玩具，讓其「消失」，然後同樣地，實驗人員會轉動把手，產生一組聲音。最後，會讓參與實驗的兒童知道如何從機器內取出玩具。說也奇怪，當兒童取回玩具時，玩具已經縮小（或至少看起來縮小了）！該兒童會重複這一連串動作 7 次，每一次都放入不同的玩具讓機器縮小。到了實驗尾聲，兒童能夠自己重複所有的程序。這證實他們清楚記得該怎麼做。

　　6 個月後，接著 1 年後，會讓這些兒童接受測驗，以確認他們還記不記得神奇縮小機以及操作的方法。他們接受了兩種不同的測驗，一個是言語測驗，實驗人員會問一些關於機器的問題，像是：「上次我們見面時，玩過一個非常好玩的遊戲！可以告訴我關於那個遊戲你記得什麼嗎？那個玩具叫什麼名字？我們是怎麼操作神奇縮小機的呢？」

　　接著實驗人員會讓兒童看機器、玩具和裝玩具的袋子的照片，

嘗試勾起非言語的記憶；他們甚至會讓兒童看真正的機器，以確認他們能否操作。結果他們發現，兒童接受實驗時的年齡愈小，記得的內容愈少；經過的時間愈長，記憶愈模糊。他們也發現，如果兒童過去用來描述機器的字彙不足，就算他們長大了也還是無法形容（即使他們當時已經學會適當的辭彙，且非言語試驗也顯示他們記得機器的一些細節）。這個結果顯示，我們闡述早期記憶的能力，受限於我們處理語言的能力。

如何鍛鍊你的記憶？

　　6 年後，這些兒童再次接受測驗。許多兒童仍記得這台機器，即便初次見到這台機器時他們才 2 歲。此結果令人意外，代表語言障礙並不像過去所想那樣無法跨越。但對許多試驗受試者而言

仍然影響深遠。

　　目前已提出許多理論，來解釋人要形成清晰記憶的必備條件。有個理論認為，我們必須先理解自己的身分，才能形成記憶。這發生在 2 歲左右，與此同時，我們開始學會說話並理解字彙。雖然目前還不清楚這兩件事為何會產生關聯，但有證據顯示，兒童與父母之間的對話，對於記憶的形成很重要，尤其是可用口語描述的對話。

你知道嗎……華盛頓特區一間餐廳的經理聲稱，當你第 2 次到訪他的餐廳時，他就能想起你上一次的點餐內容；此外，他也非常肯定他能記得 1 歲時發生的事。但是並沒有方法可以驗證他的童年記憶是否正確。

　　當然，比此更早的一些童年事件，甚至是剛出生幾個月大的事，仍可能影響成年期的情緒生活，尤其如果那些事件造成了極大的壓力或創傷。但這些「記憶」並非大腦主動記得，因為發育中的年輕大腦，也有可能更健忘，它忙著快速組裝永久記憶存放之處所需的構造與網絡。而記憶的形成，涉及了許多複雜的步驟：記錄記憶、穩定記憶，並準備儲存進長期的記憶庫中。過程中的每一道關卡都是很危險的過程，因為如果一項記憶未被妥當地植入，就有可能會在途中遺失，永遠被遺忘。

你知道嗎……忘記一些過去的經歷終究是必要的：能記住幾乎每一件事的少數人，即使不一定都過得很慘，但都好不到哪去。一位名叫 A.J.（為了保護她的隱私採用縮寫）的婦人，對日期有異於常人的記憶力，但她並不感到開心：「大部分人都會說這是我的天賦，但我認為是負擔。我每天都要在腦子裡回顧我的一生，快把我逼瘋了！」

所以當你回想那些最早的記憶，發現自己緊抓不放的那些少數回憶卻很模糊，很有可能是因為你 2 歲的大腦，當時正瘋狂地忙著打造有效的記憶系統。等到 5 或 6 歲時，記憶系統已經相當完備，回憶的細節（真正的記憶）從那時候才會開始記錄。

以防我們忘記！

我們有可能走成
筆直的直線嗎？

　　根據傳說，迷失方向的人會繞圈走，即使他們堅信自己是朝著對的方向直線前進。人們花了將近 1 世紀的時間進行科學實驗，確定人在沒有標界或其他參照點可以當做指引時，會有系統地偏離直線。

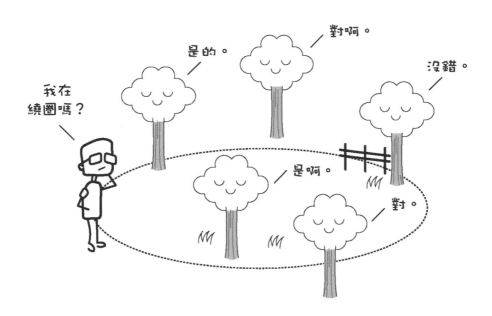

1928 年，阿薩·A·薛費爾（Asa A·Schaeffer）發表了一篇報告名為「男性的螺旋移動現象」（Spiral Movement in Man）。儘管標題這麼寫，事實上薛費爾讓男性與女性都接受一連串的實驗，矇住他們的雙眼，請他們直線移動，不管用走的、游泳、划船或開車都可以（矇住眼的其中一名駕駛是 9 歲男童，身旁有副駕駛維護其安全）。

這些實驗中，大多數（除了游泳和划船以外）都在堪薩斯州的開放場域執行。結果薛費爾發現，沒有任何人能夠筆直地移動。不僅如此，他們的移動路徑極度蜿蜒，是一連串的迴圈——也就是封閉的圓圈，亦即論文標題所說的「螺旋」。比起轉向另一側，大部分的人傾向朝同一側轉彎，但如果告訴他們要左轉或右轉，他們也能正確執行。有趣的是，當要求他們沿著圓圈的外框移動時，有些人會很肯定地說自己走在偏離正軌的線上，但事實上他們移動的路徑比要求的圓圈外框還要更蜿蜒。

你知道嗎……根據薛費爾的報告，大部分矇眼的受試者發現，繞著直徑 131 尺（40 公尺）的圓圈移動時，感覺完全像走直線。

薛費爾博士以速寫或拍照，記錄了受試者時而怪異的路徑，非常堅信他從中看出了一致性，聲稱這些螺旋路徑，與顯微鏡下

的變形蟲或草履蟲這類單細胞動物的移動方式一樣。他斷言，繞圈移動一定是所有生物的特色。實驗中，薛費爾用盡一切方法消除視覺上的方向線索（例如請受試者撐傘遮住陽光），並坦承眞的在森林裡迷路的人繞的圓圈更大，因爲他們無法運用遠方的地理特徵作爲指引。

即使薛費爾費盡了心思記錄，但這個百年的科學通約究竟是否符合現在的標準，還是充滿疑點。因此，在 2009 年，德國的杜賓根馬克思普朗克學院生物模控學研究所（Max Planck Institute for Biological Cybernetics）的簡・索曼（Jan Souman），與加拿大和法國的同事合作，擴大了這項實驗。他們利用全球定位系統（GPS）追蹤受試者在德國一座森林中和撒哈拉沙漠中的移動路徑，而這些受試者有時矇眼，有時未矇眼。

他們讓受試者隨意行走好幾個小時。在森林裡的受試者只要看得到太陽，就幾乎能筆直地直線移動；但如果是多雲的情況就會反覆繞圈，有時候會原路折返、與原本的路徑重疊。在沙漠中，白天頂著大太陽行走的人，會慢慢偏離直線，但完全不會繞圈；如果是晚上在沙漠中行走，只要看得見月亮就沒問題，但一旦月亮被雲遮住，人就會開始轉向，最後又走回出發的那條路線。

所以結果是一致的：我們的確繞圈行走，而且圓圈的直徑比想像還小。但更大的問題是，爲什麼會這樣呢？

有某個看法認爲，我們的雙腳長度並不完全相同（也許差了幾毫米），而這樣的差異雖然不大，但走了很長一段路後就會使我們轉向。先不談這個想法有多荒謬，目前也沒有證據可以證實。

索曼甚至還量了受試者的腳長，確認這與轉向並無關聯性。且有時候，某個人在一項實驗中轉往某個方向，但在下一個實驗時則會轉往另一個方向。

科學假相！ 法國傳說中的知名神祕山羊 dahu，據稱一邊的腳明顯比另一邊短，因此可筆直地站在陡峭的山坡上。攀爬山是 dahu 兒時的遊戲，牠們會一直爬上山頂，然後把自己困在那裡。也許這正是 dahu 只存在傳說裡的原因。

還有人表示，我們會以螺旋的方式前進，是因為柯氏力（Coriolis force）的緣故，與北半球的颶風會逆時針旋動是一樣的道理。但有鑑於柯氏力沒有強大到可以把水旋出浴缸的程度，因此也不可能改變人行走的路徑。此外，你可能會期待慣用右手或慣用左手的人，其繞圈的方向會不同，但很可惜兩者的研究都發現並無差異。

回到 1930 年，薛費爾堅稱他觀察到的螺旋移動，其原因一定是源自大腦。時至今日，該假設依然很普遍。也有些人認為，大腦左右半球間對身體控制的平衡，可能主導了轉向行為。

還有另一個可能性，也許我們根本不可能在沒有線索的情況下，長時間都走直線，此概念受到索曼及其同事的支持。保持我

們往特定路徑前進的感覺器，尤其是眼睛、身體移動時肌肉的回饋、內耳的平衡系統會被「噪音」覆蓋，且大量的傳入訊息中又有大多數是無關的資訊，導致身體難以決定方向。

如果沒有一些外在指引，如指南針、小樹林、太陽或月亮，我們就會被迫仰賴其他大量傳入的資訊，包括我們身體的位置和方向、時間的流逝，以及移動時眼睛所見的陸上風景等。假如我們無法隨時更新系統，並專注於重要的訊息，便會偏離直線。身體就是無法控制，而這正是造成迷路的原因。

為什麼我們每隻手腳都有5根指頭？

　　不只是我們，地球上絕大多數的哺乳動物都一樣，大家都有5根腳趾，或5根手指和腳趾。但為什麼是5根？這個數字又有什麼特別呢？

　　不過還是有些例外：豬只有4趾，犀牛和鴯鶓（emus）有3趾，鹿和鴕鳥有2趾，馬則只有1趾。這些動物腳趾數目的減少都是因演化而來，且似乎出現這樣的趨勢：腳趾只會減少不會增加。但我們只能猜測各腳趾減少的案例有何有利之處。例如，有一說認為馬的祖先是從森林遷移至大草原，牠們獲悉速度的必要性，因而讓腳趾脫落、縮減至剩下1趾，使牠們可以更流暢、跑得更快；或者也有可能根本不是這樣，新的研究顯示，馬的演化並非人們常說的一條直線，如此大膽直言馬腳趾減少的原因並不明智。

　　若將時間回推到4.6億年前，當時還沒有任何陸生動物，但有像魚的生物能在水以

外的地方呼吸，牠們是第一批登陸探險的動物。牠們的四肢比起腳更像鰭，但卻有結構性的改變——出現了像是較硬的肩關節這種構造，這除了可提升牠們在水中的活動力，對於往陸地移動也有幫助。

　　這些古代生物被命名為「棘被螈」（Acanthostega）和「魚螈」（Ichthyostega），看起來很像魚的下半身和蠑螈的上半身黏在一起。其中有的是 8 趾，有的則是 7 趾或 6 趾。彷彿牠們正嘗試著不同的數量，這項大自然進行的盛大實驗，決定著接下來的 4 億年該使用幾根腳趾。而隨著動物持續從海洋往陸地大遷徙，腳變成了腳掌，5 趾成了首選的數目。

你知道嗎⋯⋯動物為何會離開水中爬上陸地呢？有一個新的理論指出，牠們離開水中是為了看到更遠的地方。水會折射光線，眼睛偏大的動物就無法克服該問題；但空氣幾乎不會折射，因此生物浮出水面才能有更寬廣的視野去探索世界。

　　你可能會忍不住張開手指，往下壓在桌上然後想，「是啊，5 似乎是支撐力最佳的完美數字」，但我們並不全然明白古代的環境。如果地面上的溼地更多，指頭的數目多一些就可以提供必要的接觸面積；但如果地面較乾燥，那速度就很重要，無論是捕食者或獵物，指頭數目較少可以減輕負重，較具優勢。

當然，沒有任何動物可以預知未來；隨著時間流逝，物競天擇會淘汰各方面都居於劣勢的生物。所以，不久之前（至少以地質年齡而言），6 趾、7 趾、8 趾的生物消失了，5 趾的生物成了主流。

科學假相！貓熊多出來的「拇指」，其實是腕骨的生長物，因此並不算是一指。

　　那為何隨著時間，指頭數減少比增加還普遍？部分原因是遺傳學。

　　指頭成形時的胚胎早期（對人類而言大約是 4 週大），處處都會產生作用。控制指頭發育的基因組，會與其他負責完全無關事務的基因組串連，例如生殖系統。

　　增加指頭數目所需要的劇烈基因熔補（genetic tinker），幾乎無法避免影響到其他系統。因此 8 趾、7 趾和 6 趾的生物多半都滅絕了（我說「多半」是因為非洲的熱帶爪蟾〔Western clawed frog〕正如其名，在腕部上方處還有一隻離其他 5 趾很遠的爪子，科學家還在爭論，那應該也算一趾）。

　　大多數動物的基因會順暢地運作，在腳和手上正確的位置排列出 5 趾（海明威〔Ernest Hemingway〕養的那隻 6 趾貓，是罕

見的遺傳偶發事件）。四肢在發展時，基因組合會以精確的方式減弱或強化彼此的活動，使組織形成一定的型態，斑馬身上會有條紋也是差不多的原因。肢體會先發育出軟骨組織，然後才是骨骼，接著有 5 趾。

你知道嗎……我們是否正逐漸失去其中一根腳趾？相較於大猿猴（great apes），過去 500 萬年來，我們的小趾已經縮小，有時甚至沒有趾甲。某部分原因與力學有關。我們往前跨步時，會用腳後跟著地，然後重量前移，最後以大拇趾推離地面。我們對大拇趾的依賴，降低了保留另一側動力趾的必要性，也就是小趾。因此，看起來我們似乎正逐漸失去一趾，但失去的速度多快，沒有人知道。

最後還有一個觀點：我們的拇指顯然與其他 4 指長得不一樣，似乎是形成拇指的基因與其他 4 指的不同。我們可能會將此差異，歸功於離開水中上陸探險的動物，也歸功於有助魚鰭轉化成腳掌的基因。但在近 200 萬年，演化又進一步影響了拇指，將其轉換成著名的「對掌」（opposable）拇指，以負責執行許多手部的靈巧動作。我們不是靈長類中唯一有對掌拇指的動物，但我們最充分利用其功能性。

你知道嗎……以 10 這個數字為基礎的系統之所以存在，是因為我們有 5 指。有些文化則是結合手指和腳趾，以 20 為基礎；有的則包括手肘、鼻子、脖子甚至肚臍，以 30 或更大的數字為基礎！

我的手指關節為什麼會喀喀作響？

我們都看過（或聽過）喀喀作響的手指吧。看到某人手指交錯，將手掌往外推；或當伸展手指時，會先發出清脆的喀喀聲，手指才又回到原位。對許多人而言，這個聲音不太悅耳，但它其實代表有某些東西產生而非受到破壞。

關節發出的喀喀聲，跟關節裡的氣泡有關。從 1940 年代迄今，要探究箇中原理的實驗其實都大同小異，只有影像設備有改變。大部分實驗中，會在自願參加者的手指上纏上一條可以拉扯的繩子，以牽拉手指。用哪一指都無妨，在 1940 年代，大部分實驗都選擇中指，但現在則是以食指居多。實驗時會逐漸拉動手指，並一邊用影像記錄最後一塊手骨和第一塊指骨之間的關節。

在某些關鍵點，手指拉開時，施加的拉力會突破閾值，那個瞬間便產生喀喀聲。從 1970 年代早期至 2015 年，大家普遍認為喀喀聲是關節裡的氣泡（真的是中空）內爆的聲音。此論點聲稱，當骨頭拉開時，氣泡會突然出現，然後在那一瞬間又立刻塌陷。

但格雷格・科查克（Greg Kawchuk）及他在阿爾伯塔大學（University of Alberta）的實驗室證實，此聲音其實是氣泡的擴張所造成，而非塌陷。科查克的影像顯示，氣泡幾乎是突然生成，而之前猜測的氣泡內爆，則比較像是長時間的塌陷。他們對喀喀聲的紀錄顯示，聲音產生的那一刻，手指和手的骨骼之間的空隙突然大開，短短 1 秒就幾乎出現雙倍的空隙（0.04 變成 0.08 吋，或 1 毫米擴張到 2 毫米），因此在骨骼之間會形成氣泡。

手指拉開之前，手指骨會來回移動。它們相互接觸，中間有任何空隙都會被液體填補。但是當骨骼拉開，骨骼的分離太過迅速，液體無法立刻流入空隙填補；因此附近的氣體，尤其是水氣和二氧化碳，會快速進入空隙取而代之，並在中間瞬間形成氣泡。高速的意思是很大力，也因此產生喀喀聲。

試著想像要把兩片黏在一起的溼玻璃分開的樣子；兩片玻璃突然分離時發出的吸吮聲（雙手手掌互壓在一起然後突然分開也會產生一樣的聲音），與手指內關節產生的聲音是同一種。

而最近一份超音波研究，排除了手指喀喀作響與暴力事件的關聯。因為研究發現，關節發出聲響時會出現一道明亮的閃光，就像煙火一樣。

 **你知道嗎⋯⋯**過了 15 至 20 分鐘後，手指關節就能順利回到原本的間隔，因此便能再次發出喀喀聲。

這些喀喀聲和裂開的聲音聽起來很痛，所以想知道按壓指關節會不會傷到手很正常。長久以來，普遍認為按壓指關節會傷到手，尤其過去一直相信此聲音是無用的（氣泡）塌陷或內爆。畢竟，同樣的機制會侵蝕船的螺旋槳：在邊緣周圍形成泡泡然後內爆，造成震波；一段時間後，就會導致螺旋槳的金屬疲乏。但即使外界提出許多理論，但大部分曾歸因於按壓指關節的傷害，是來自一群在 1990 年代接受研究的指關節按壓者，他們因此而出現抓力下降和一些手部腫脹問題。

 **你知道嗎……**唐納德・翁格（Donald Unger）博士小時候曾被媽媽警告，按壓指關節會導致罹患關節炎。他決心要證明媽媽的觀念是錯的，翁格在往後 50 年每天都按壓左手的指關節 2 次。這段期間則不按壓右手以當做控制組。

到了試驗尾聲時，翁格在《關節炎與風濕》（Arthritis and Rheumatism）期刊上的一篇文章中指出，他的雙手都沒有關節炎的跡象。他主張這推翻了母親的觀點，也使得他很納悶，自己是否該繼續相信母親認為多吃菠菜有益健康的教誨。但評論家則主張，他的樣本數太少（只有一個），因此無法推導出任何結論。

所以，按壓指關節發出的聲音，就是關節裡有巨大（相對而言）氣泡生成的聲音。不過，這個解釋並不會讓聽到聲音的人覺得比較好受。

歷史謎團

我們可能吸到凱薩大帝呼出的那口氣嗎？

　　「空氣」這短短兩個字就讓人感到困惑。空氣不只是單一成分，而是由好幾種氣體混合在一起。氮氣和氧氣占了空氣總量的99%，再加上少量的氬、二氧化碳、水蒸氣和其他微量氣體。凱薩大帝（Julius Caesar）每次吐氣時，分子都會飄向四面八方，被風吹散。但是有沒有可能凱薩在2060年前呼出的其中一口氣的原子，現在依然飄散在你周圍並被你吸入？答案是有可能！

當心了月
~~的二氧化碳~~
15日。

為什麼呢？大氣氣體，如氮氣、氧氣和二氧化碳，是由分子組成，而分子則是由原子團簇形成。長時間下來，所有分子都會受到化學和輻射力分解，但原子本身不會受到破壞。結合在一起組成一個氧分子的兩個氧原子，可能會分裂、各自附著於不同的氧原子上；或也許閂上一個碳原子，形成二氧化碳。這樣的循環永無止盡。確實從凱撒口中吐出的分子不可能依然廣為飄散，但構成那些分子的原子依然等著你和你的肺。

你知道嗎……凱薩大帝是在 3 月 15 日遭到暗殺，或西元前 44 年，古羅馬曆 3 月 15 日（The Ides of March），這一天因為他遇刺而出名。他最後吐出的那口氣，比起他吸入時，氧氣少了 4%，二氧化碳多了 4% 多一點，因為氧氣曾被他的身體當做燃料，因此產生廢棄物二氧化碳。凱薩被布魯圖斯（Brutus）和幾十個羅馬參議員刺了 23 刀，其中顯然只有一個傷口是致命傷。說起來比較像是最後的喘氣，而談不上呼吸。

假設凱薩體型中等，他單一口氣呼出的氣體量，大約是 30.5 到 61 立方吋（約 0.5 至 1 公升）。從眾所周知的公式可以算出氣溫華氏 32 度（攝氏 0 度）時，該體積所含有的分子數。即便考量到羅馬的氣溫稍微暖熱一點，3 月的空氣濃度比較不那麼高，合理估算吐一口氣會含有 1×10^{22}，或說 10,000,000,000,000,000,000,000 個分子。

因為凱薩已經過世超過 2000 年以上，我們只能假設他呼吸過的空氣已完全散布在大氣中。而如你所料，地球大氣層含有的分子數量相當驚人，1.08 後面還有 44 個 0。

好的，所以凱薩吐出 1×10^{22} 個分子，假設你也要吸入同樣數量的分子；你深深、深深、深深地吸一口氣，最多也只能多吸平常 2 倍的空氣。但以 1×10^{22} 這樣的量而言，多吸了 2 倍的空氣也不會有太大差別。

那些分子接著會稀釋成比過去（現在也是），大了極大（gazillions）倍的一團空氣（順道一提，「極大」並不是一個確切的數字）。另一方面，你只是要凱薩口中吐出的其中一個分子進入你的肺。現在可以進行簡單的除法：

$$1.08 \times 10^{44}（大氣中的分子）除以 1 \times 10^{22}$$
$$（一口氣所含的分子）= 1 \times 10^{22}$$

所以你需要吸入（大約）1×10^{22} 個空氣的分子，才能得到凱薩呼吸過的一個分子，而這正是你現在正在做的事啊！所以，前面問的問題，答案是有可能的，因為你呼吸的每一口氣，都有很大的機率會吸入凱薩吐出的最後一口氣的分子（或從形式上正確的說，至少是其中一個原子）。繼續呼吸……用力地深呼吸吧……你正與偉大的羅馬領袖間建立更強烈的聯繫。

你知道嗎……一般而言，人一輩子大約呼吸 5 億到 7 億次，約是每小時呼吸 900 次。相較之下，一般的狗一輩子呼吸不到 2 億次，即便牠們的呼吸速度是人類的 2 倍，但壽命卻短得多。

啊……

第三部
動物

電鰻如何電擊獵物？

　　電鰻（electric eel）從許多不同的層面而言，都是一種神奇的生物。是的，基本上牠就是一顆活電池，牠可以利用電流，探測、電擊和固定獵物，或保護自己不受捕食者捕獵。但更奇特的還在後頭：雖然牠是長達 6 呎的大魚，但牠沒有魚鱗，而且可以呼吸空氣。電鰻大約每 10 分鐘左右就得浮出水面呼吸。

　　不過，具備電池的特性仍是電鰻最有趣的地方。人們很容易忽略大多數生物、或至少多於一個細胞的生物體內，都有電流通過這件事。每一個神經衝動都是一股電流，光是這個瞬間，你的身體裡就發生了數 10 億個神經衝動。電鰻不過是利用這項基本生物特性，並將之發揚光大。

　　電鰻的身體就跟一般電池一樣，好比供應許多居家裝置電力的 AA 電池。神奇的是，電鰻身體裡約有 4/5 充滿了大量由特化產電細胞構成的組織。即使每個細胞只產生約 1/10 伏特的電，加起來仍有上千伏特，層層堆疊讓這些電壓可以從電鰻身體的一端傳到另一端。

……所以，基本上我是一顆活電池。

電到我了。

跟電池一樣，電鰻也有正負極，正極位於頭部，負極在尾巴。就像必須要把迴路封閉起來，好比手電筒，便是輕按開關以連接正負極，電鰻則是透過水讓電流從頭流到尾巴來連接正負極，水是很好的導體。但電鰻釋放出電流的方式很迅速且電力強，不像電池的電流穩定、持久。

但說強其實也沒有像你想的那麼強。的確，電鰻的電力屬於高壓，但產生的電流較弱也較短暫；電鰻電擊人類時會有痛感，但幾乎不可能到致命的程度。事實上，電鰻有點像電擊槍。電擊槍每秒約可輸送 19 次高壓脈衝；電鰻產生的更多，約每秒 400 次。無論電擊人類或魚，都一樣會造成麻刺感，因為電會造成肌肉斷續地收縮。但其實電擊槍造成的衝擊更大，因為其電擊是透過 2 個金屬鏢（dart）輸送電流，因此會穿透皮膚直接電擊；而電鰻則有 2 個缺點：其必須仰賴經水傳遞的電脈衝，而水會有阻力；第二，送進水裡的脈衝並沒有瞄準目標，因此無法像電擊槍對準或集中於鄰近的標的。

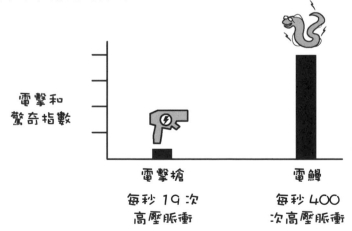

電擊和
驚奇指數

電擊槍
每秒 19 次
高壓脈衝

電鰻
每秒 400
次高壓脈衝

但故事還沒完。范德堡大學（Vanderbilt University）的肯．卡塔尼亞（Ken Catania）已指出，電鰻不只是利用自己的電，還加以精進到驚人的程度：其可將電力強度上調或下調，取決於牠想怎麼做。

首先，低功率的震動可讓電鰻找到獵物。電鰻發出這種低強度的震動時，魚的肌肉會不自主抽動（即使是不在眼前的魚）。電鰻對於水中任何風吹草動都極為敏感，因此這樣的抽動便能透露魚的蹤跡。

電鰻得知魚的位置後，可以緩慢靠近並提高電力，然後真正把魚麻痺；遊戲就結束了。電鰻這種以類似電擊槍的方式暫時麻痺魚的能力，顯然是一種非常酷的獵捕方式，而且十分有效，一擊只要 3 微秒就能產生效果。

如果這還不夠厲害，電鰻還會運用一個聰明的技巧，圍繞著比較難制伏的獵物將身體捲成 C 形，強化電力輸送。獵物最後會被困在電鰻身體的正（頭）負（尾巴）極之間，電流會直接通過牠們雙方的身體。這會使得電力原本就比一般壁式插座還強的效果加倍，幾乎所有獵物都無法承受。

你知道嗎⋯⋯亞歷山大．馮．洪保德（Alexander von Humboldt）這位偉大的科學家兼探險家，在 1800 年為了研究電鰻而走訪亞馬遜雨林。他想知道電鰻的獵捕（當時對電的瞭解還沒那麼透徹）手法，有些當地漁民建議他用馬去釣電鰻。

根據洪保德的說法，漁民騎馬踏入有電鰻出沒的淺池中。電鰻的反應相當奇怪，牠們沒有逃走反而想要電擊馬，但又跟電擊魚的方式不一樣，而是躍起身實際接觸馬的身體，傳送看起來非常強的電擊，強到有的馬甚至跌倒並溺斃。但過了一會兒，電鰻的電力存量耗盡，漁民便能將牠們一網打盡。

　　有天，肯・卡塔尼亞（Ken Catania）用一片金屬網和橡膠防護手套移動他的實驗鰻。過程中，他很驚訝電鰻有時會跳出水面撞擊網子，然後發出一連串非常高壓的脈衝。牠們大概害怕金屬網是捕食者，電鰻不僅利用放電來殺死獵物，也用來保護自己不被捕食者吃掉，可能是透過未知生物的傳導性來判斷差異：小的導體就是獵物，大的導體則為捕食者。

　　電鰻看到可能的捕食者時（像是大片金屬網），就會利用標準做法，靠水傳電，但可能沒有足夠的電流可以防止攻擊。要像電擊槍一樣實際接觸到攻擊者，電鰻才能不透過水把電直接傳入攻擊者的身體，產生的電擊強度更強。當電鰻愈高地攀附上攻擊者的身體，可以傳送的電力就愈多，因此不管是在卡塔尼亞的實驗室和洪保德（Humboldt）的實驗淺池，電鰻都會跳出水面。在乾季，當溪流變淺，獵物或捕食者無法完全潛入水中時，這可作為有效的防禦。

　　關於電鰻的大小事在在都顯示這種動物不只是發電機，還是可微調的偵查機和殺人機器。但有一件事目前尚未釐清，那就是

為什麼電鰻不會電到自己。也許牠們有好好地接地。至少就目前所了解的情況是這樣。

我希望你覺得
這很來電。

獴是怎麼從眼鏡蛇嘴下
逃過一劫的？

　　在魯德亞德・吉卜林（Rudyard Kipling）的著作《叢林奇譚》（Jungle Book）中，獴 Rikki-tikki-tavi[*] 發現：「如果第一次跳躍時沒有傷到（眼鏡蛇的）背……牠依然可以繼續戰鬥。」他看著眼鏡蛇頸部皮摺（hood）以下的脖子厚度，明白對牠來說咬脖子太困難了，但如果咬尾巴，只會讓眼鏡蛇變得更殘暴。「一定得傷到頭才行，尤其是頸部皮摺以上的頭部，而且一旦碰到了，就絕對不能放牠走。」

　　Rikki-tikki-tavi 計畫來個突襲，但即使如此仍相當冒險。比方說，眼鏡王蛇的毒液半小時內就能殺死 1 個人。事實上，眼鏡王蛇咬一口所噴出的毒

---

* 　註：《叢林奇譚》中的角色，是一隻獴。

液量，就能殺 20 個人；牠咬一口會噴出約 1/4 小酒杯的毒液，比其他任何種蛇都還多。幸好，眼鏡蛇有避免與人接觸的傾向，牠們嘴下最常見的人類犧牲品是弄蛇人。

由於獴是出了名的硬漢（體型結實、貼近地面、奮力的捕食者），Rikki-tikki-tavi 有充分理由感到自信，因為牠具有生物化學上的優勢。

祕密就藏在毒液及其生效的方式裡。眼鏡王蛇的毒液看起來像是某位講究但邋遢的調酒師調配的酒：一劑合宜的毒液中，混合了多種針對不同器官的不同毒液。其中有一種毒液，許多蛇種都有——α 神經毒素。這種毒素會在神經與肌肉接合處發揮致死的效果，但是是超顯微的等級，一個分子與另一個分子接觸的程度。

神經會傳遞訊號告訴肌肉要收縮。神經與肌肉之間有個微小的間隙，當神經衝動沿著神經蜿蜒傳到末梢，神經就會釋出數百萬的分子，稱為神經傳導物質。這些物質會漂過寬度不過百萬分之一吋的間隙，並嵌入坐落在肌肉表面的特殊受器，於是肌肉便會收縮。

完成之後，必須清除傳導物質分子，才能再重複進行一連串的動作；而這會由另一個分子負責。

如果此順序：神經衝動、傳導物質釋出、肌肉收

唉唷，我的老天蛇啊！

縮、清除傳導物質，沒有隨時在身體裡一直反覆發生，你就無法呼吸，更不用說移動了。

α 神經毒素便是瞄準這個通常運作很流暢的系統。它與神經傳導物質一樣，會塑型以嵌入肌肉細胞上的受器；但與神經傳導物質不同之處在於，它無法清除。所以肌肉細胞再也無法再次收縮。當毒液擴散至全身，會有愈來愈多神經與肌肉之間的接觸點受到阻斷。據說眼鏡王蛇僅一般量的毒液，連大象都殺得死。

Rikki-tikki-tavi 究竟有什麼優勢？那就是演化。長久下來，感激許多已逝的獴前輩付出自己的生命，獴的受器分子改變了，讓牠們得以抵禦毒液。毒液分子無法單純地像對待其他動物一樣與受器結合，但獴的神經傳導物質仍然可以與受器結合。所以雖然獴的速度和又厚又澎的毛都具有保護效果，不過一旦被咬，還有另一個自我防衛的強大機制可以運用。你不必走遠就能找到另一種一樣發展出免疫力的生物。蜜獾面對眼鏡蛇時充滿自信是有充足理由（有句話是這麼說的，「蜜獾才不屑」）；蜜獾也改變了自己的受器，因此成為吃蛇的動物而不是蛇的獵物。

你知道嗎……說來諷刺，眼鏡王蛇對蛇的毒液有抵抗力。為什麼？因為蛇是眼鏡王蛇的主要獵物，眼鏡王蛇必須保護自己不被其他蛇所傷。

這一連串分子衝擊和反擊的戰役中，最後一個武器是抗蛇毒血清。要製作抗蛇毒血清，必須在宿主動物（像馬或羊）體內注入少量的蛇毒液，動物才會製造出抗體，讓免疫系統反擊。接著會從牠們的血中採集抗體並離心。注入蛇咬的傷患體內後，抗蛇毒血清和毒液分子會在血流中相遇，進入對毒液的致命一抱。毒液無法從抗體手中逃出，因此不可能攻擊肌肉受器，生命便得以延續。

　　獴的故事正是演化行動和對抗的典型範例。現在，獴在演化這場戰役中占上風，但眼鏡蛇毒液含有那麼多帶有不同微型構造的不同分子，便讓其中的分子有機可趁，突變成比較致命的形式。如果成功的話，風向又會開始轉變。

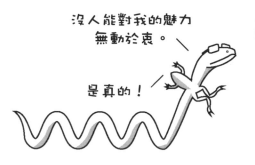

墜落的吐司和墜落的貓有什麼不一樣？

　　從古人的智慧，我們知道吐司掉到地上時總是抹了奶油的那一面會朝下；而貓永遠都以腳著地。聽起來很單純，但這些論點背後的科學根據卻複雜了點。

　　先來談談吐司吧。有可靠的科學證據顯示，抹了奶油的吐司從桌上滑落時，幾乎往往是奶油面朝下著地。請注意，關鍵字是「滑」。這裡談的不是手用力地把吐司掃出桌面，飛到房間另一頭；吐司在桌上的最後一刻是重點。試著想像慢動作分解吐司突出桌邊的那個瞬間。起初桌子會撐著吐司朝上；但是當吐司片的重心中點（幾乎位於中央）超出桌緣，吐司質量有人部分都懸空，便會開始傾覆，僅僅頃刻間有附著力協助它附著在桌面上。傾覆會導致吐司朝著地面垂直落下時開始旋轉。

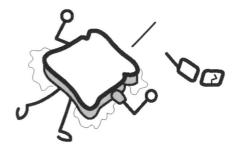

真是倒楣的一天。

　　最後若想以奶油面朝上作結，吐司片一定要翻轉少

於 90 度或超過 270 度。（我沒有要考慮吐司以麵包皮著地還保持垂直這個近乎不可能的結果！）翻轉角度如果落於 180 之間或甚至近 180 度，都會確保奶油面朝下。

奶油本身對此等式並無太大影響，因其質量與吐司差不多。雖然融化的奶油有可能會導致一面比另一面更厚而改變吐司片的空氣動力學，但這些變化很細微，不會造成顯著的影響。

有鑑於此，吐司落下時轉動的角度又是取決於什麼因素呢？是桌子的高度！大部分桌子高約 2 又 1/2 呎（稍高於 75 公分）——對一般坐著的人而言舒適的高度。這樣的高度會讓掉下來的吐司極有可能轉動 180 度（或至少在 90 度至 270 度之間），最終以奶油面朝下。

過去有兩份研究以轉動的吐司為主題。其中一份研究，驚人地共丟了 21,000 片吐司。另一份研究，奶油面朝下的吐司片比例為 62% 至 81%，是很可觀的數目。

 試試看！ 如果你希望儘量提高吐司著地時奶油面朝上的機率，有兩個選擇。其一，改變桌子的高度：打造一張比較高的桌子，高度最好差不多 9 呎（約 3 公尺）；或者如果辦不到，那就坐在比較矮的桌子上，如日本餐廳的桌子。其二，吃非常小片的吐司。物理學家主張，如果每片吐司都寬約 1 吋，小吐司塊最後以奶油面朝上的機率會大很多。

那貓又是怎麼回事呢？貓出生沒幾週就能用腳著地，牠們很少四腳朝天地著地，即使還那麼小就從 12 吋高的地方掉到地上也一樣。（危險動作，在家中請勿模仿！）但是，雖然奶油面朝下之吐司的物理原理相當簡潔，但貓以腳著地的機制則深奧微妙得多。

　　頭下腳上的貓所面臨的挑戰，與體操選手或跳水選手在半空中會遇到的挑戰一樣。物理原理會在你沒有任何東西可以抓握或推離時，限制身體可以扭轉或轉動的距離。但這不代表不可能在半空中移動，我們都看過花式溜冰選手盡可能雙手緊貼身體以加速轉動的樣子。但這其中有物理定律，而墜落的貓一樣受限於那些無法打破的定律之中。

你知道嗎……貓會利用牠們的眼睛和內耳分析自己在空中的位置。因此失明的貓仍可四肢著地，失去內耳平衡器官的貓也辦得到。但如果兩者皆無的貓就辦不到了。

　　貓的確有優於人類之處。貓脊椎的椎骨比我們多（30 對上24），但沒有鎖骨。這兩個特點都有利貓扭轉身體，而扭轉正是以腳著地的關鍵。

　　貓墜落時，首先會弓背，像典型的萬聖節黑貓一樣；這個動作實際上能將身體分為前半段與後半段（至少以物理學的角度而

言）。接著扭轉身體前半段，前腳往內縮，因此便能扭轉的更徹底，就像旋轉的花式溜冰選手一樣；同時，後半段往反方向扭，最重要的是，貓會伸展後腿，使後半段的扭轉幅度不會那麼大。

如此一來，貓身體的前半段就會右側朝上。接著倒轉這些動作，伸展前腳，稍微往反方向扭轉，同時縮起後腿，更快速地旋轉後半段。只要一轉眼的功夫，貓就會完全是右側朝上。

科學假相！貓不需要有尾巴也能以腳著地；即使是無尾的曼島貓（Manx cats）也辦得到。

但不只如此。貓似乎自外於一項物理定律——空氣阻力。生物學家約翰・伯頓・桑德森・霍爾丹（J. B. S. Haldane）曾如此形容空氣阻力定律對動物的影響：「如果朝 1000 碼深的礦坑丟 1 隻小老鼠，小老鼠墜到坑底時會有點受驚，然後毫髮無傷地走掉，證實地面其實相當柔軟。但如果是大老鼠，卻會傷重身亡；如果是人摔下去會粉身碎骨；換作是 1 匹馬摔下去，則會血肉橫飛。」

那貓呢？1987 年由獸醫師在紐約市進行了一項研究後聲稱，從高處墜落的貓，存活率驚人的高，比你所能想像還高很多。

部分原因可能是貓墜落時最後的速度只有人類的一半，這多虧牠們墜落時扭轉身體的能力。貓在半空中調整好自己的姿勢後，

就會把腳往旁邊展開，以儘量提高牠們的空氣阻力，像飛鼠一樣往地面滑行。

　　在狗與貓之間存在已久的對立中，貓在此項目會得 1 分，因為狗無法像貓一樣在空中調整自己的姿勢。從演化的角度看也合理，因為狗是從地棲的祖先演化而來，而貓過去本來就會爬樹，現在也依然會爬樹。看來吐司要追上這個進度還要努力很長一段時間。

章魚是怎麼偽裝的？

　　談到偽裝，我無論何時都會選擇章魚（octopuses）、魷魚（squids）和烏賊（cuttlefish）（變色龍就讓給你吧）。這3種魚都屬於頭足類動物（cephalopods），而且都能改變自己的外觀融入背景進行偽裝。

　　可以想像這有多麼困難：捕食者正在你面前，唯一逃脫的方法是複製周遭環境，從捕食者的眼皮下溜走。我承認有一些相當屬害的先進偽裝裝備可供獵人和軍人使用，但如果你穿戴那些裝備，最好祈禱自己是站在迷彩壁紙前，以便完美地融入背景。但是，頭足類動物每分每秒都會通過各式各樣不同的背景，而捕食者會從四面八方靠近，因此牠們必須能在頃刻間選定牠們的圖樣和顏色，否則就成了捕食者的午餐。

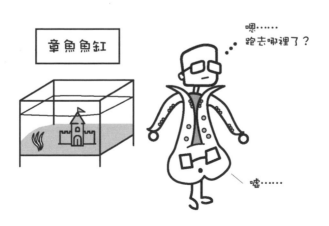

你知道嗎……頭足類動物是色盲，牠們的眼睛只對非常窄的波長有反應，僅限光譜上藍 / 綠色的部分。

　　那麼，牠們是如何逃過偵測的呢？因為牠們有非常聰明的生物工具可使用。牠們的皮膚相當於一片由畫素構成的高畫質多色電鋼片，上面有 3 層特化細胞。1 層由有色的細胞（稱為色素細胞）構成，由生物的大腦直接控制。每一個色素細胞都有肌肉可以收縮和拉扯，將表面積擴大至 500 倍，顯著增加皮膚表現出的顏色數量。考量到 1 隻頭足類動物的皮膚有上百萬的色素細胞（1 隻烏賊至少有 1000 萬的色素細胞），這是很厲害的系統。

　　在色素細胞之下是 2 層無色的反射細胞。第 1 層會像肥皂泡泡一樣反射光。你可能注意過肥皂泡泡會隨著空氣飄走，飄動時顏色會變，從紅色變橘色變藍色，最後在破掉之前變成黑色。那些顏色變化都是因為肥皂膜愈來愈薄，改變了它反射的光的波長所致。頭足類動物的皮膚細胞裡有大量的薄層細胞；薄層的厚度，加上各層之間間隙的寬度，會導致像肥皂泡泡一樣的干擾光，產生彩色陣列。第 2 層的反射細胞是燦爛的反射球，就像微小的 7 彩霓虹燈，反射四面八方所有波長的光。

嘘。

　　頭足類動物調整色素細胞的大小後，可產生 3 種圖樣：均勻（uniform）、雜色（mottled）和塊裂（disruptive）的圖樣。均勻圖樣的紋理非常細緻，是縮小色素細胞形成，動物可能會以此作為緊貼沙子時的僞裝；雜色圖樣比較粗糙，像是很多碎石的海床；塊裂圖樣是戲劇性地呈現一塊一塊不同的顏色，想像一下有珊瑚和石頭點綴的海床。

　　那麼頭足類動物會如何決定要選擇哪一種裝扮呢？對烏賊進行的實驗顯示，有時候牠們會與倚靠的背景融合，其他時候牠們則會「假扮」成石頭或附近的其他特徵。

　　有時牠們的僞裝會讓外型改變，看起來不再那麼像烏賊。而對這些仰賴僞裝的動物而言，最困難的在於要考量牠們最有可能遇到的捕食者。這稱爲「視角」（point of view）困境，亦即捕食者看到的景象與獵物不同。舉例來說，章魚必須利用自己所在地

收集到的視覺資訊，營造出既能逃過頭頂上方的魚的攻擊，又能逃過側邊熱帶海鰻攻擊的偽裝。

自泳式的魚，如魷魚和烏賊，則會遇到不同的麻煩。如果捕食者從下方靠近，頭足類動物會背光；即使牠們的身體部分透明，體內器官卻不透明。在這樣的情況下，反射細胞就上場了，它們會讓光穿過它們的身體，使體內的顏色變淡，捕食者便更難看到牠們。

科學真相！ 所有頭足類動物都很聰明（但章魚似乎是其中最聰明的）。

那色盲又是怎麼回事？這些動物的色素細胞產生的顏色主要為黃色、橘色和深棕色（及其組合），與牠們居住的環境非常相近。因此頭足類動物不太看顏色來調整牠們的色素細胞以相配，而是感應亮度和陰影，再仰賴早已調整為相近顏色的色素細胞。

還有一些證據顯示，是質地（細紋或粗糙）而非顏色提供了最佳的保護。事實上，有些烏賊能夠在近全黑的情況下偽裝。

頭足類動物也會利用偽裝來溝通。還有什麼方法比用閃爍不同顏色來傳遞訊息更有效？此外，反射細胞也會讓光極化，大多數的魚（其中也包含這些動物的捕食者）無法察覺極化的光，但

是頭足類動物可以。不只是可見的交流，同時也是祕密溝通的一種！

你知道嗎⋯⋯魷魚可以很細膩地控制外表，能同時讓自己的身體出現圓點、鰭出現條紋、觸手呈現深色等。

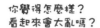

你覺得怎麼樣？
看起來會太亂嗎？

我喜歡，
我愛死這些圖案了。

嘘⋯⋯

可以想見，軍方對於頭足類動物的偽裝機制很感興趣，希望有一天可以應用在軍裝上。搞懂頭足類動物改變顏色和圖樣的能力，未來甚至有可能引領新的化妝技術和產品線。

大象會跳嗎？

　　有迷思認爲大象是唯一擁有 4 個膝蓋的動物；如果此言屬實，大象可能是很厲害的跳躍動物。但牠們並沒有 4 個膝蓋。舉例來說，大象前腳的骨骼和我們的手臂互相對應，都屬同一種骨骼。因此大象會不會跳這個問題，與膝蓋的數目無關，而是力與壓力的問題。

　　像大象、河馬和犀牛這種體型龐大的動物，腳都粗壯如柱子；相對於身體，牠們的腳會比其他動物還粗，好比貓的腳。動物體型愈龐大，腳的比例變化愈大。大象約比貓高 13 倍，但重 800 倍；如果大象的腳跟貓一樣細，這麼重的重量會把牠的竹竿腿折斷。

我覺得我可以！
我想我辦得到！

所以大象如何支撐如此龐大的身軀呢？是透過牠較粗壯的腿。貓的大腿骨直徑約為0.4吋（約1公分），但大象粗了10倍（4吋或10.2公分）。直徑若較大，用數學算起來表面積也比較大，意思是大象的腿骨可以承重的面積，約為貓的25倍，這足以讓大象的腿不會被折斷。然而，這樣的重量對於大象的骨骼而言仍是沉重的壓力，因此大象的身軀雖然龐大，卻比貓還脆弱。也可能因為如此，不論大象移動速度有多快，至少一定要有1隻腳踩在地上，因為對牠們而言，從半空中著地的衝擊太大了。

但大象的腳還有個古怪的地方，讓我們無法完全排除跳躍的可能性。舉例來說，大部分4足動物在加速時會切換不同的步態。基本上動物一開始會用走的，然後加速變成小跑步，調整速度，接著變成飛奔急馳；到了飛奔急馳的程度時，大多數動物會有大量時間4隻腳都騰空。

你知道嗎……人類的短跑選手在 100 公尺競賽中，有大部分時間都是騰空的，雙腳都在跑道上空。

但大象似乎無法像這樣換檔，只能走得愈來愈快。大象可以加速到時速 15 哩，但即使到最快的速度，至少仍會有 1 隻腳在地上。在高速下，大象的前腳本質上還是用走的，這稱為「撐跳」

（vault）形態，因為腳沒有動，而動物以撐竿跳選手撐著竿子飛躍的方式移動。但後腳就會在受到衝擊後稍微彈跳，移動方式比你對這種體型動物的預期還要有彈性。其他大型動物，如犀牛，就能像一般 4 腳動物一樣飛奔，但即使是犀牛，實際上都比大象還小一些，所以可能單純只是大象體型太大了，無法飛奔。

前腳和後腳還有一個差異：基本上，4 足動物會利用牠們的後腳推動身體向前，同時前腳當成煞車。但是英國皇家獸醫學院（Royal Veterinary College）的約翰‧哈金森（John Hutchinson）博士，花了數十年的時間鑽研大象的行走模式，證實大象可以用任一腳當做煞車和推進器，可說是天生的 4 輪傳動動物。

但這個動作你辦得到嗎？

不只是骨骼承受的體重力量會影響大象跳躍的能力，腳的其他部位也扮演了重要角色。優秀的跳躍者會有柔韌的腳踝、強健的小腿和堅實的阿基里斯腱，但沒有證據顯示大象擁有上述任何一項適合彈跳的特質。大部分很會跳的動物，會以跳躍來躲避捕食者，但大象並沒有什麼跳躍的能力。大象的肌肉組織已經演化成把身體往前推，而非往上推。但即使大象天生不會跳，如果受到強迫的話牠能跨越出去嗎？

從來沒有人看過，牠們的下肢可能也沒有肌爆發力可以把牠們推離地面。即使牠們真的有辦法推起自己，產生的離地和著地衝擊力將會非常大，所以才讓人懷疑大象真的可以或真的能夠跳嗎？

他每次都這樣說。

我真的有跳！是你閉上眼睛了。

他們叫我扁蟲，但我其實比這名字還聰明。我是書蟲。

蟲會消化彼此的
記憶嗎？

　　信不信由你，這是一道嚴肅的科學問題，且充滿了爭議。故事要追溯到 1960 年代，當時研究人員對稱為渦蟲（planarians）的扁蟲（flatworms）進行實驗。牠們只是單純的蟲：長 1.5 公分，身如其名的扁平，但出乎意料地有個具學習能力的小小腦袋。這種扁蟲之所以如此特別，是因為有這段曾身為實驗動物的奇特歷史。

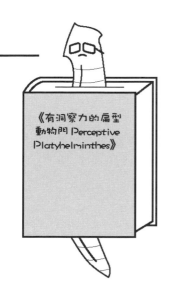

《有洞察力的扁型動物門 Perceptive Platyhelminthes》

　　如果把渦蟲切成兩半，每一半都會再重新長成一隻新的蟲。得知這件事後，有位古怪的科學家詹姆斯 V・麥康諾（James V. McConnell）認為，假如渦蟲受過避光的訓練之後切成兩半，那麼頭端和尾端重新長出新的身體後，應該也會記得訓練內容。不過，頭（和裡面的腦）會恢復學習能力是說得通，但尾巴呢？實在太讓人難以相信，也違背當時的所有記憶理論。

你知道嗎……切成碎片的渦蟲曾被送到外太空的國際航空站？當他們回來時，其中一片再生出了 2 個頭部，各自位於身體的兩端。回到地球上後，雖然將這片渦蟲的 2 個頭都切掉了，但身體又再長出了另 2 個新的頭。在地球上從來沒有人看過這樣的狀況，原因尚不明。

　　科學家受到麥康諾的說法困擾，因為普遍認為記憶是存在大腦細胞中特殊的電迴路中。某些戲劇性的事件發生時，大腦會產生電脈衝，如果該事件夠重要，一組神經元會自動排列，保留記憶，以保持該段迴路通電。但麥康諾認為記憶是某種可在全身各處找到的物質或分子，這樣的想法說實在有點瘋狂。

　　而麥康諾和大部分科學家的看法不同並沒有實質的幫助。他不僅將他的實驗發表在名為《蟲蟲賽跑選手的消化？》（Worm Runner's Digest）這份他自己創辦具有卡通色彩的期刊上，甚至還主張他只差一步，就能在渦蟲之間轉移記憶，方法是鼓勵未受過訓練的蟲吃一小段受過避光訓練的蟲。沒錯，就是透過嗜食同類而學習。

　　到了 1960 年代中期，麥康諾的研究走入尾聲，因為他的同僚無法提出證據支持他的說法，也因為一般大眾無法忍受他異於常人的想法，因此註定失敗。麥康諾的扁蟲實驗從鎂光燈前消失，他在 1990 年過世。

　　但幾年前，塔夫茨大學（Tufts University）的科學家提出一篇令人意外的扁蟲實驗報告，賦予麥康諾的想法意想不到的新生命。

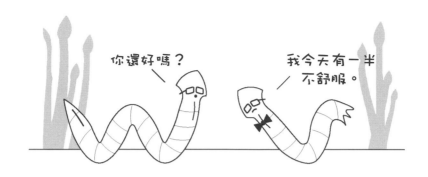

麥可・勒溫（Michael Levin）和塔爾・沙瑞（Tal Shomrat）訓練渦蟲習慣自己周遭的環境（尤其是牠們接受餵食區表面的觸感），接著將蟲的頭切開，等牠們再長成一條全新的蟲，然後放回餵食區。受過識別特定餵食環境訓練的扁蟲，即使現在長出新的頭，仍然比那些不曾受過訓練的蟲更快開始進食。

這些扁蟲反應比較快，但的確還是需要短暫地重新認識牠們先前受訓練的環境，才會表現出明顯優於其他未受訓同袍之處。目前還無法完全確定箇中原理，但是勒溫和沙瑞表示，記憶、或至少其分子反射，以某種方式存放在大腦以外的神經組織（例如渦蟲從大腦延伸到尾巴末端的神經系統）或甚至其他組織之中。所以，當新的頭長出來，記憶就會融入新的大腦中，或烙印其上。

有可能實現的一個方法是透過後成作用（epigenesis），或透過其他分子操控基因，尤其是蛋白質。如果真是如此，勒溫和沙瑞想知道，此能力是否可能代表，人類的記憶儲存是透過含有個人記憶的幹細胞。但是，雖然聽起來很神奇，要搞清楚記憶真正的本質，我們仍有很長一段路要走。

我不認為這些實驗，能在一夕之間就說服科學家改變他們對

記憶本質的看法。但記憶有可能存放在大腦之外這樣的想法不會
消失，至少在某些動物身上是如此。

人類有可能冬眠嗎？

　　說到冬眠，我們會浮現這樣的畫面，吃得胖胖的熊，找到一個洞穴，在裡面睡上一整個冬天。但是冬眠有很多種方法，而人類會想要冬眠，可能是有一些不可抗拒的因素。最顯著的冬眠活用，是保持患者的身體處於慢速狀態，以便進行移植、長時間手術和復元，甚至是太空旅行。

　　一般的熊可以在任何地方冬眠 5 至 7 個月。這段期間，熊的核心體溫會下降華氏 8 度（攝氏 5 度），並維持這樣的溫度數週。身體會休眠到約僅剩正常活動的 2/3，心臟會從每分鐘跳 40 下變慢至 10 到 15 下。但是即使熊在冬眠，牠們一天仍會燃燒幾千卡路里的熱量。

熊熊無法接受
冬天要來了。

冬眠期間，牠們可能流失多達 1/4 的體重，幾乎是所有的脂肪，但不會流失骨骼也不會肌肉萎縮（但如果是臥床的人類絕對會）。熊在冬眠時不會大小便；牠們的腎臟會幾乎停擺但並未衰竭，也不會堆積濃度可能致死的化學物質。

你知道嗎……到了春天，熊剛從冬眠狀態甦醒的幾週之內還不會大吃大喝，即使牠們已經餓了好幾個月。但很快地就會改變，到了仲夏，體型標準的熊一天就會攝取 5,000 到 8,000 大卡；而北美洲灰熊在要冬眠之前，光 1 小時就會攝取 1,000 大卡，一天有 20 個小時都在吃。

雖然談到冬眠時，熊吸引了我們的注意，但牠們並不如一些體型較小的動物那麼了不起。阿拉斯加的北極地松鼠可以隨便在任何地方冬眠 8 到 10 個月。牠們冬眠時，身體某些部位的溫度可以降到零下 1 到 2 度，這相當不簡單，而有些動物甚至在完全凍僵的情況下都還能存活。舉個例子，如果在冬天把木蛙挖出來，牠們完全就像冰塊，掉在地上會碎開。地松鼠就不會像這樣變成冰塊，牠們只是過度冷卻（supercooled），體內的水分仍是液態，而非冷凍。但這是很不穩定的狀態：你可以試試看在冷凍庫放一瓶水，有時候水會保持液態，直到你推動水瓶、或只是用手指輕敲瓶身，因為任何這樣的擾動，都會觸發冰瞬間形成。老鼠和倉鼠也可以過度冷卻，但如果牠們維持此狀態超過 1 小時，體內的水分就會開始變成冰和結晶，導致死亡。北極地松鼠不知何故，

可以維持這種尷尬的狀態好幾天。目前還不清楚牠們是怎麼辦到的，也許他們能清除體內可能形成冰晶的所有物質，但沒有人能肯定。

這些松鼠每隔幾週就會醒來，提高體溫、稍微活動一下、大小便，然後又回到冬眠狀態，這點也跟熊不一樣。這樣短暫的清醒對牠們的生存是必要的，因為冬眠的動物要花很大力氣才能回到正常生活，然後又要再次慢下來。也許這些清醒的時刻跟牠們可以達到的極低體溫有些關係。

看著熊和松鼠，你可能會覺得冬眠不過就是避寒。但不一定都是如此。肥尾狐猴（fat-tailed lemur，一種生活在馬達加斯加的動物，與我們的血緣關係比熊或松鼠還近）一年冬眠約 7 個月，

即使牠的樹巢溫度爲華氏 50 到 86 度（攝氏 10 到 30 度）。牠們躲在巢裡的 7 個月是最乾燥的月份，食物不足，而且顯然不值得狐猴在森林裡巡察尋找食物；而到了食物豐饒的月份期間，牠們會把自己養胖到幾乎雙倍的體重，以備冬眠。

動物的身體透過冬眠的劇烈變化能保持健康，這已經夠驚人了。但如果我們想知道人類能否冬眠，則必須把焦點放在大腦，因爲大腦是最需要熱量的器官，而冬眠的動物會竭盡所能降低熱量消耗。

科學假相！ 冬眠並不是睡覺。事實上，冬眠也許會剝奪動物最需要的那種睡眠。北極地松鼠每幾週從冬眠醒來時，就會利用大量的非冬眠時間睡覺。睡覺對冬眠的動物而言似乎是很奢侈的事，因為睡覺燃燒太多能量了。

代謝速度變慢會對大腦細胞產生劇烈的影響。當冬眠動物的身體慢下來，腦細胞可以和其他數千個細胞溝通的分支便會萎縮和縮回，負責支撐的骨骼系統會開始瓦解。冬眠動物的大腦出現的一些變化，事實上和阿茲海默症病人的大腦變化相似。但當動物甦醒後，大腦會開始許多意想不到的活動，重建連結並恢復骨骼的架構。這些變化是否會影響動物的記憶，目前尚未完全釐清。

你知道嗎……日本有位健行者打越三靜（Mitsutaka Uchikoshi），健行途中在山邊昏倒，摔碎了骨盆，但在沒有水沒有食物的情況下活了 24 天。他被尋獲時，體溫華氏 71.6 度（攝氏 22 度）。這種條件下他應該已經死了，但實際上卻活了下來。雖然這和熊或北極地松鼠經歷的身體機制不同，但醫師很快表示，他能存活是出自類似「冬眠」的機制。

　　我們還沒有進化到可以冬眠，因此冬眠動物的一些特徵，像是在華氏 33.8 度（攝氏 1 度）的環境中還能維持心跳，對我們而言是不可能的。人類體溫只要低於華氏 68 度（攝氏 20 度）時，心臟就會衰竭。我們跟狐猴一樣，必須將冬眠安排在合理的溫度；我們得找出方法，確保自己可以每幾週就從冬眠甦醒（像北極地松鼠一樣），才能進食、喝水或大小便（或以上全部）。這麼做，對睡眠剝奪的問題也許也有幫助。但如果我們的腦細胞開始失去連結，骨骼開始分崩離析，我們就得非常有把握，醒來時所有狀態都能恢復原狀。

　　即便如此，人類要冬眠也許不無可能。搞不好有方法可以縮短幾百萬年的演化時間，設計出人類特有的安全冬眠法。但這類技術其中的巧妙和精善之處，意味著我們還有很長很長的一段路要走。

歷史謎團

真的有亞特蘭提斯城嗎？

　　我們很容易就能在腦海中浮現美好的亞特蘭提斯（Atlantis）風景，處處是金碧輝煌的建築（只是都泡在水裡）。但是，真的有這個地方嗎？如果有的話，它到底在哪裡？

如果將這個問題這樣解讀：「曾經有一個滿是金銀財寶的小島，因為猛烈的災難而沒入水中嗎？」答案會是「絕對不可能」；但如果問題改成：「亞特蘭提斯的傳說，是在說明一場災難摧毀了一個王國嗎？」那麼答案可能就會是「沒錯！」

過去有數百位作者寫過亞特蘭提斯的故事，但這個傳說可以追溯至一個人——古希臘哲學家柏拉圖（Plato）。柏拉圖是西方哲學奠基者之一，身處歷史上一段輝煌的歲月。他的啟蒙老師包括畢達哥拉斯（Pythagoras）和蘇格拉底（Socrates），而亞里斯多德（Aristotle）則是他的學生。所有這些偉大的思想家都很容易被歸在哲學家／科學家名人堂內，假如真的有這個單位的話。

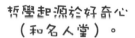

哲學起源於好奇心
（和名人堂）。

大約西元前 360 年，柏拉圖在著作《對話錄》中寫了兩篇文章。在《克里提亞斯》（Critias，以希臘的政治家為名）這篇文章中，他詳細描述了亞特蘭提斯。克里提亞斯說到，他從不同人口中聽過亞特蘭提斯，這些講述故事的人讓他深信這座島非常壯麗。

據說，亞特蘭提斯位在地中海和大西洋交會處，就在海克力斯之柱（Pillars of Hercules）上方。一般認為北柱是直布羅陀巨岩（Rock of Gibraltar），但關於對應非洲側的柱子或頂峰，目前仍有爭議。還有其他的描述顯示，這些柱子有可能其實是星星，如果是這樣的話，要找到亞特蘭提斯更是難上加難。

亞特蘭提斯應該早在柏拉圖發表文章前 9000 年就存在了。柏拉圖描述，亞特蘭提斯有一個很大的城市，裡頭有 6.2 哩（10 公里）的運河，船隻可由此進入內港。這座城市設計成同心圓的方式，每一個圓以運河相接。還有橋、隧道和有著象牙屋頂的皇宮，鍍銀的外牆，以及黃金雕像，更不用說體育館、賽馬場，和船塢。這座島草木豐饒，有淡水湧泉，和比黃金更值錢的礦藏。不過柏拉圖的形容過於誇張，實在讓人難以置信。

不管是真是假，這座王國並不長久。根據柏拉圖的說法，「發生了一場相當猛烈的地震和水災，才經過可怕的一日一夜……亞特蘭提斯島就被大海吞噬而消失了。」

自古流傳的這段亞特蘭提斯故事，總讓大家深深嚮往，2000 年來不停想挖掘出這座沉沒之島的位置，這並不令人意外。它位在地中海的入口嗎？並沒有證據顯示那裡有任何遺跡；有沒有可能在其他地方呢？像加那利群島、撒哈拉沙漠、北海、比米尼島上，或南極大陸？這些地方都有人提過，但是都沒有發現任何小島的蹤跡，也不曾在這些地點看到這座古老的城市。另外，在柏拉圖之前的 9000 年前，世界上並沒有如此壯麗的城市；名為「哲立科」（Jericho），用黏土和稻草磚砌成的房子，大概是當時最厲害的建築了。

但如果柏拉圖指的是一場摧毀了某個文明的真實災難，那也許有跡可循。在西元前 1650 年（約柏拉圖提及亞特蘭提斯的 1300 年前），東地中海發生了一次劇烈的火山爆發，夷平了錫拉島（island of Thera，現稱聖托里尼島）。火山爆發的氣流相當強勁，錫拉島幾乎有一半都沒入海中，只剩下一些小很多的小島不規則的輪廓。火山岩和氣體混在一起以時速好幾百公里的速度衝擊水面，引發了海嘯，浪高近 33 到 49 呎（10 到 15 公尺），高聳的火山灰柱遍及地中海，甚至在數百公里遠的本土大陸也留下了好幾公分厚的粉塵。大量多泡的火山岩（浮石）覆蓋了周遭的海域。

　　這場火山爆發，幾乎像原版亞特蘭提斯報告所記載的故事一樣轟動（但某方面好一些，因為我們知道這件事確實發生了）。不過，即使亞克羅提利鎮（town of Akrotíri）完全受火山灰覆蓋，卻沒有找到任何遺體，有可能市民收到警報，都已提早安然逃離。只不過亞克羅提利完全不是傳說中的亞特蘭提斯那樣壯麗的城市。

但如果不是錫拉島，有可能是克里特島（island of Crete）嗎？克里特島位在聖托里尼西南方 100 多公里處，或大約 7 哩遠處。火山爆發時，米諾安文明（Minoan civilization）就位在島上。米諾陶洛斯（minotaur，一隻牛頭人身的野獸）和迷宮（他的家）的神話，就是流傳自米諾安人。火山爆發後，米諾安文明瓦解了。許多考古學家主張，柏拉圖提到的亞特蘭提斯，其實指的是米諾安文明的瓦解。但是，是否真的是火山爆發摧毀了米諾安文明，仍有許多疑點。一方面，火山灰似乎只飄落在島的東岸，對米諾安的所在地沒什麼影響。

　　可是海嘯呢？有重創克里特海岸嗎？像在毀損倒塌的殘屋中不同房間卻發現相同茶壺碎片的這種證據，意味著海嘯的確造成了相當大的混亂。但最近的研究顯示，外露的海岸沿線有些地方只受到輕微影響；其原因和結果很含糊，是因為米諾安文明歷經好幾百年的時間才衰敗。我猜，或許也能主張是海嘯對船運造成了傷害、以及落塵對農業的損害等導致文化漸漸消逝的各種原因，而造成米諾安文明受到重創。只不過，這是打了很多折扣的故事版本，依然無法解釋柏拉圖所說的那個繁華鋪張的王國是怎麼回事。

　　所以柏拉圖說的到底是什麼地方呢？如果不是大西洋那個消失的島國，難道是在東地中海中心附近的火山爆發？還是他是以錫拉島上被埋葬的亞克羅提利的平凡村莊作為依據，寫成了亞特蘭提斯傳說呢？如果真是如此，那有關亞特蘭提斯過分鋪張的形容應該源自於他的想像力，而非事實。

第四部
另類科學
與機器

要怎麼打水漂？

　　說到打水漂（skipping stones），可以分成 3 種人：喜歡這類鄉村活動的人、認真看待且嘗試創造世界紀錄的人，以及想知道箇中原理的人。世界上仍有物理學家在思考這個問題實在很不可思議，因為打水漂這項活動已經流傳很長一段時間了。

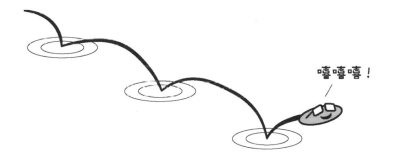

嘻嘻嘻！

　　古希臘人在千年以前就曾提過打水漂。但是第一個通過證實的紀錄，則是在 17 世紀早期，1603 到 1625 年間在位的英國國王詹姆士一世（King James I），他出於好玩，對著泰晤士河橫擲了一枚黃金製的 1 磅金幣（畢竟他是國王）。黃金製的 1 磅金幣重約 8 公克，或比 1/4 盎司還重一點點，非常輕。打過水漂的人就知道，石頭重量太輕時，無法長時間保持水平，所以也就沒辦法打出漂亮的水漂。我相信如果詹姆士國王位於中倫敦某處，那麼他就是在退潮時打水漂，所以硬幣比較容易橫越河面。

第一份跟打水漂有關的科學報告，是在 17 世紀由拉扎羅・斯帕蘭扎尼（Lazzaro Spallanzani）的實驗室提出。但斯帕蘭扎尼並不是看到別人打水漂猜出箇中原理，而是自己親身丟石頭做實驗並記錄了結果。他甚至用大拇指和食指夾住石頭，並沿著水面掃出去，設法要讓石頭空降。他的觀察結果有些非常簡潔，例如他提到，要讓石頭彈起，得選擇平坦的石頭，且石頭要以平面側（而非尖角）撞擊水面。接著還補充了一項重要的觀察，如果石頭以稍微仰角的方式撞擊水面，會彈跳得更高。

 **你知道嗎……**斯帕蘭扎尼才華洋溢。他不只是第一個發現蝙蝠用回音定位的人，也進行了一些重要的實驗反證自然發生（spontaneous generation）的概念，該學說認為生命可以直接從無生命的物質中萌發。他證實肉湯暴露於空氣之中的話，很快就會損壞且孳生細菌；但同樣的肉湯如果密封與空氣隔絕，則不會孳生細菌。對我們而言不感到意外，但在當時卻是相當驚人的發現。

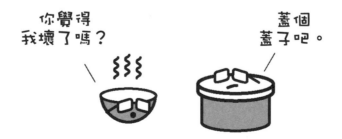

大部分觀察到的重點，對打過水漂的人而言都是顯而易見的事實；但是斯帕蘭扎尼又更深入探討了細節，他以很小的角度對水面發射了鉛彈。據他所見，他認為當石頭（或子彈）以很小的角度射出撞擊水面，會產生下凹，往下碰撞凹陷處的近區，接著往上滑至另一側，飛到空中。這是很驚人的觀察，因為需要有大把的耐心和好眼力。

斯帕蘭扎尼的發現直到 20 世紀，現代科技能夠更精準測量時，才再次被提及。在 1960 年代晚期拍攝的一段高速影片中，研究人員終於能仔細地看到斯帕蘭扎尼肉眼觀察到的現象。從影片中可看出，打水漂時石頭的確會撞擊到水面，把水往下推，在石頭前方形成水波。這顆石頭會繼續沿著水波往前撇，前緣會愈斜愈高，直到達到近 75 度角（作為比較，比薩斜塔的斜度約 80 度）。到了這個時候，石頭終於飛離水面，將自己又再次射入空中，但重力當然立刻就開始把石頭往後拉。

丟石頭的角度相當重要。巴黎里昂高等師範學校（École normale supérieure）的物理學家利德里克‧博凱（Lydéric Bocquet）已證實，理論上石頭應以 20 度角撞擊水面，也就是說，石頭的前緣應位於水平面上 20 度，約與中等的滑水坡道相當。20 度角這樣的衝撞角度，可以儘量減少石頭接觸水面的時間，這很重要，因為水會強力地拖拉石頭，減慢它的速度。一般而言，水的密度比空氣還要高 1000 倍，因此在空中停留的時間愈長愈好。而打出完美水漂的石頭，停留在空中的時間約比在水中還要長 100 倍。

石頭必須丟得很快，但更重要的是，必須快速旋轉，因為旋轉可以讓石頭在撞擊水面時仍保持穩定。在陀螺儀效應的幫助下，旋轉有助於預防石頭撞擊水面時擺動到一側。博凱算出，若石頭1 秒旋轉 5 次就能跳 5 次，但旋轉的速度必須要快到近 2 倍，才能跳到 15 次。

　試試看！打水漂背後的原理是一回事，但要怎麼樣才能達到完美的 20 度角又讓石頭旋轉？一開始先側身面向水面並屈膝；用拇指和食指夾著石頭。手往後擺，要丟出石頭時保持石頭的平坦面與水面平行；出手前最後一秒，彎折你的手腕，讓石頭輕彈水面。

　　當然，即使你擁有完美的技法，每一次石頭撞擊水面，還是會因為摩擦而消逝一些能量。最後，花無百日紅，石頭跳得愈來愈短，接著會有短暫的時間石頭在水面閃爍但沒有離開水面，意味著來到打水漂的最後階段。這些不那麼明確的跳躍有時候會被專家稱為「輕拍」（pitty-pats），到了該階段後石頭很快就會下沉了。

　　全世界每年都會舉辦打水漂大賽，選手打出的水漂次數很驚人。*金氏世界紀錄*（*Guinness World Records*）認定的連續不斷跳躍最長紀錄是 88 次，相當不可思議，由庫特・史丹納（Kurt Steiner）在 2013 年 9 月於賓州的紅橋創下的紀錄。史丹納在那次

賽事之前已擁有多項紀錄，顯然他花了大半人生尋找那顆完美的石頭，他表示這些石頭須重約 5 盎司（詹姆士一世國王，學著點吧！），厚約 1/4 吋，底部得非常平滑。

但先把石頭的品質擺一旁，要像他那樣丟擲，得要有非凡的力學。根據博凱的等式，石頭必須以近每秒 18 公尺的速度，或時速 40 哩的速度離開史丹納的手中才行。當然，這假設了許多關於丟擲的精準角度、石頭的實際重量等條件。但是，還是要花很大力氣才能讓石頭那麼快速地移動，因此史丹納擁有「人山」（Man Mountain）這個稱號似乎名不虛傳。

一如既往，科學家就是科學家。他們丟擲極圓滑或方形扁平的砂岩或壓克力，將休閒活動的過程標準化。這更突顯了打水漂玩家憑直覺琢磨出的道理，但我認同庫特 · 史丹納的論點：「若要說該怎麼打出漂亮的水漂，請先找到完美的天然石頭，然後就讓它飛吧。」

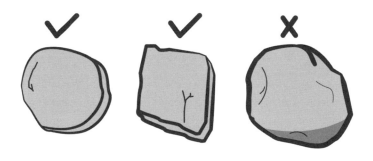

我們活在電腦模擬的
世界嗎？

在你被這個問題嚇傻之前，先想想，希臘哲學家柏拉圖說過這樣的故事：有一群人被鏈在洞穴裡，看著投射在牆上的影子。影子屬於人偶，而耳邊聽到的人聲是操偶帥的聲音，而非影子的聲音。但根據那些人的認知，所見的影子和聽到聲音都是「事實」。也許我們跟他們並無不同，受限於我們的感覺和大腦對一些真實存在事物的認知不完全。

太酷了！我在書裡！

現今，如果你體驗過高畫質的虛擬實境（virtual reality），你就知道人造環境可以擬真到極具說服力的程度。我曾經在虛擬實境中站在高樓辦公室裡，陽台沒有欄杆。當我被邀請往下跳進「高空中」時，我無法逼自己跨出去，即使我清楚知道自己其實是站在工廠的地面上。因為呈現在我眼前的「事實」，實在太逼真了。

我們有電腦成像的另類社會，就像《第二人生》（Second Life），在這裡你可以和你認為代表某位真人的化身來場非常普通的對話，雖然你沒有證據可以證明。

　　那麼試想一下，未來電腦將比現在還要無窮強大，虛擬實境和第二人生相較之下就像粗糙的蠟筆畫。雷·庫茨魏爾（Ray Kurzweil）這位發明家、未來主義者和工程師主張，未來 10 至 15 年內，電腦會比人類還要聰明。到了 2030 年，一台要價 1000 美元的電腦，就比人腦還要聰明 1000 倍。

　　再想像一下，當電腦的能力已經強大到可以模擬整個地球的歷史，以及所有曾經生活在地球上的人們。然後這很稀鬆平常！人和具有自我意識的機器人一起住在裡面，並且任其運轉。

在這個電腦情境中的每個人，都擁有與現在人類一樣的完整意識。事實上，每個人可能實際上是現在任何一個人類的化身。如果你是其中一個機器人，你怎麼會知道？你無從得知。你擁有的所有過去（每一件過去的事件和還沒有發生、但即將發生的事件）全都不過是電腦運行軟體生成的景象，而你完全被蒙在鼓裡。

你只是放大版模擬市民中的另一個角色，在像是模擬城市一樣的地方過你的人生。我們知道（或至少相當肯定！）現在的模擬市民並沒有自覺，但如果電腦的性能更強大，誰能肯定未來他們不會有自我意識？

當伊隆・馬斯克（Elon Musk）那樣的發明家聲稱「我們要麼就是即將建構出真假難辨的虛擬環境，要麼文明將不復存在」，這樣的想法值得深究。

但還有其他問題。首先，我們能活到有能力創造出哲學家尼克・柏斯特隆姆（Nick Bostrom）所謂的「先人模擬」（ancestor simulations）時代嗎？可以想見，某種大災難可能會阻止我們朝那個時代前進，也許是永久中止。（可以回頭翻閱第 11 頁，「地球是宇宙間唯一有生物的星球嗎？還是其他地方還有外星人呢？」）。

假如我們真的獲得了必備的電腦性能，在那個電腦輔助世界裡，會有任何人費心去做這種事嗎？我們無從得知，但能夠扮演幾近上帝這個角色，仍然深具吸引力（當然，也是有人覺得這從很多方面而言是在扮演人類歷史上曾獲崇拜的諸多神明；神明對信奉祂們的子民具有無上的權力；而電腦操作者對他們的虛擬人物也具有終極的權力）。

科學假象或真相！真實的模擬器的確不會費心模擬不重要場景的細節。他們會走捷徑：也許在我們認為的這個模擬世界裡生活的人，對話時其實只是說出電影臨時演員備用的台詞假裝對話：「豆子和胡蘿蔔、西瓜、哈密瓜或大黃、大黃。」下次仔細聽！

　　這種模擬世界的程式設計會是嚴重的絆腳石。人腦中有大約 860 億個神經元，與數量更多但角色未知的細胞，組合在一起會產生鮮明的意念和感覺。細胞有血有肉，但想法和意念卻不是。要怎麼用意念造出另一個意念？要給予虛擬世界居民所有的人類特質，需要複製人類的意識。

　　如果我們真的活在模擬世界，我們會知道嗎？任何能模擬整個文明及其居民的電腦，很有可能具備防偵測的安全措施。但是劍橋的數學家和宇宙學家約翰‧巴羅（John Barrow）很好奇，會不會模擬世界根本不夠準確。迪士尼創造出光從水面反射的影像時，並不完全正確；只不過是「如果不仔細看的話還過得去」的程度。隨著我們對這個世界愈來愈了解，模擬軟體就必須和智慧型手機的應用程式一樣不斷更新。觀察力敏銳的物理學家可能會發現細微的神祕變化，讓他們警覺有些東西出了差錯。

　　常有人會問：「如果我們住在模擬世界裡，該怎麼守規矩？」最直接的答案是：「我們必須鼓勵掌管模擬世界的人繼續運行這

個世界；否則一旦他們感到厭煩，一切就結束了！」

但該怎麼辦才好呢？以下是一些戰術：

- **活在當下**（因為不知道他們什麼時候會把插頭拔掉！）

- **搞笑一點**（因為可以讓他們保持興趣，防止插頭被拔掉）。

- **試著找出他們希望虛擬人擁有的特質**（以防他們是想扮演上帝的那種人）。

- **試著助長名人和明星的存在**（我們都熱愛各種報導和傳聞，也希望可以娛樂自己）。

有人就在做以上這些事，但不是所有人都買帳。如果是活在像這樣的模擬世界，伊隆・馬斯克（Elon Musk）表示，「我弟弟和我都同意，泡澡時絕對禁止談論這個話題。」

現實世界好多了。

我不這麼認為。

如何在公共廁所挑選最隱密的小便斗？

很多男廁現在還會用隔板隔開小便斗。大家普遍認爲當男士們站在小便斗前，如果有得選，他們會避免站在另一個人的隔壁。兩人之間保留一點空間，感覺自在多了。所以當男士走進廁所面臨這樣的抉擇：哪一個小便斗最有可能左右都沒人？他該怎麼做才能把有人站到自己隔壁的機率降到最低呢？

信不信，關於這個問題還眞有專門的研究。在「小便斗問題」（The Urinal Problem）這篇論文中，伊凡傑羅斯‧克蘭基斯（Evangelos Kranakis）和丹尼‧克里贊（Danny Krizanc）用數學和電腦科學的方法探究此問題。

首先，面對一整排小便斗時，頭尾的兩個小便斗顯然很吸引人，因爲絕對有一邊無法站別人。如果走進廁所時，一排小便斗都沒人，大概會選擇頭或尾的小便斗。但頭或尾哪個最好呢？

 **你知道嗎……**歷史上曾有一些文化和某段時間，男人是坐著小便，女人則是站著。我們決定運用良好的判斷力，忍住不要附上圖例……但我們確實有考慮過。

以有 5 個小便斗的廁所作爲範例好了。如果你是男人，很好，繼續看下去就對了；但如果你是女人，請先想像自己是男人。走進廁所後，也許會直接選擇最靠近你，離你最近的那一頭的小便斗。還要再進來幾個人，才會迫使下一個人必須站在其他人隔壁？如果下一個人選擇中間的小便斗，那第 3 個人就會選擇最遠那一頭的小便斗，所以廁所裡已經有 3 個人占去兩邊都能保有隱私的所有空位。

圖一

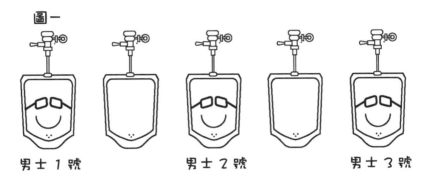

男士 1 號　　　　男士 2 號　　　　男士 3 號

但有時候，進入廁所的第 2 位男士也許會選擇 4 號小便斗；畢竟，左右兩邊的小便斗都沒人。不過這個選擇會打亂一切，因爲他選了 4 號小便斗之後，就沒有任何小便斗有隱私可言了。

圖二

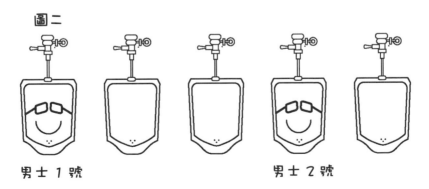

男士 1 號　　　　　　　　男士 2 號

所以，能否保有隱私，顯然取決於第 2 位男士的選擇。但是第 1 位男士進廁所時，可以保證有 3 個隱密的小便隔間，如果不選 1 號，而是選擇中間的 3 號小便斗；如此一來，接下來的 2 個人都會自動走到頭和尾的 2 個小便斗。

圖三

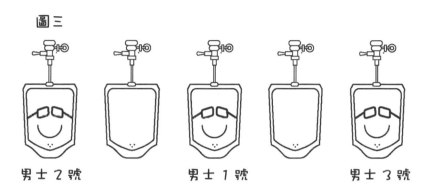

男士 2 號　　　　　　男士 1 號　　　　　　男士 3 號

即使是如此簡單的範例，依然需要考量其他因素。舉例來說，克蘭基斯和克里贊試著採取「懶人填空」（Lazy Filling）策略，想知道會對結果有什麼影響。懶人填空策略指的是男性會習慣選擇離自己最近的小便斗。如果所有隔間都沒人，那他會選擇當懶人，走向最近的那個小便斗。如果頭和尾的小便斗都有人，下一個進入廁所的人會回歸懶惰，選擇最靠近自己的小便斗。因為所有男性上廁所的目的都是尋求完全的個人空間，但假如你是第 1 個進廁所的人，希望確保即使之後還有 2 或 3 個人進來，自己依然最有機會保持隱私，那最好往最遠的那個小便斗走。

克蘭基斯和克里贊在他們的論文中探討了小便斗問題的諸多變項，但要考慮人類行為的每一個細微的迂迴曲折，就使得小便這道數學題變得很棘手。你可能會感到疑惑，推導出一套法則確

保每個上廁所的男性都能有最大的機會獲得最隱密的經歷，有這麼重要嗎？我是這麼想的：有些男性對於小便時個人空間受到侵犯非常敏感，會嚴重到可能完全尿不出來。這種情況也許極端了些，但看來即使站在同一排小便斗前那麼近的距離，還是會想保有隱私，顯然對空間的需求在男性之間很普遍。

事實上，有數據支持此主張。1970 年代曾經進行一項有爭議的實驗，設置了一間只有 3 個小便斗的男廁。負責該實驗的心理學家限制進廁所的人只有 3 個選擇：完全的小便斗隱私、利用沒人的隔間（掛上「請勿使用」的標語）與另一個人（另一位參與實驗的男士）隔開，或直接站在另一個人隔壁。實驗目的是要探討，失去隱私是否會影響受試者小便的能力。

而這就是這項實驗引起爭議的地方。顯然不可能從聲音得知受試者開始或停止小便，因此研究人員安排了一位觀察者，坐在小便斗旁隔間內的馬桶上，腳邊放著書。其中一本書裝有潛望鏡，瞄準小便斗，因此觀察者可以準確地計算「開始」和「停止」的時間。

這項古怪實驗的結果正如預期：進來小便的男士離假裝小便的觀察者愈近，要過比較久的時間才會開始小便，平均 8.4 秒；但是當廁所沒人，受試者會尿得比較快，平均 4.9 秒。

但窺視小便斗前的受試者所引起的道德問題並未被忽視，可是不太可能在另一項實驗中重現同樣的方法，又請一個人使用潛望鏡觀察其他人尿尿。但是該實驗所獲得的數據，符合其他眾所周知的小便行為觀察。例如，2 名男性朋友同時走進廁所，站在

相鄰的小便斗前，出於禮節他們會雙眼直視前方或下方，而不會看著自己的朋友，即使他們正在交談；這全都是為了要保有個人空間的感覺，即便當下沒有所謂的個人空間。

我們有可能製造出永動機嗎？

　　如果真能製造出永動機（perpetual motion machine），那可以為發明者帶來數不盡的財富和名氣，還可能拯救世界。這並不是什麼新鮮事，發明家幾世紀來一直在嘗試打造這種機器，但目前還沒有人成功。這也難怪，他們倉促地一頭栽進了熱力學，但那是一場他們贏不了的戰役。

　　熱力學的第一定律提到，「能量無法製造也無法消滅」，而此定律等於立刻宣判了永動的概念註定失敗。永動機要可以製造能量才行，因為根據定義，其產生的能量會比消耗的還多。此定

我很好奇
這個永動機行得通嗎？

也許你得花一輩子的時間
才能知道。

律不代表能量不能在不同的形式之間轉換，因為我們每天都這麼做；但每一次能量轉換，都會流失少量的能量。

　　熱力學第二定律又提到，「能量無法往高處流動」。包含你坐在桌前讀書的這個當下，身體都會將你最近攝取的養分轉換成能量，以接續進行生命的化學反應。胃裡的食物分子會分解，過程中產生的部分能量會用來餵養你的身體，包括產生熱能將體溫維持在華氏 98.6 度（攝氏 37 度）左右；但你不可能再收回那些熱能，因為它無法往高處流動，又轉回產熱的分子形式。你可以利用體溫融化手中的冰塊，但這仍然是能量向低處流動，因為液態水必須要利用更多能量才能再回到冰塊的狀態。宇宙間的能量都是往低處流動的，從有序到失序。如果以「你贏不了」這句妙語表示第一定律，那第二句應該接著說：「你甚至無法不賺不賠」。

　　（還有第三定律，是用來處理絕對零度的完美晶體；而即使是熱衷永動的人，依然想不通該如何挑戰此定律！）

永動機聲稱可以逆轉這個普遍真理，並在不曾有能量的地方製造出能量。最酷的一個例子是幾世紀前的一項設計。最早是在 1500 年代早期，由義大利人馬坎東尼奧・齊馬拉（Marcantonio Zimara）提出。設計很單純，想像一座位於巨大風箱旁的風車，這些風箱很強勁，擠壓後產生的空氣力量可以轉動風車的風扇。要通盤了解整個設計，得添上第 3 片拼圖 —— 齊馬拉稱之為連接風車與風箱的「工具」。風車的葉片轉動時，會移動這個工具，工具便會擠壓風箱，然後又鬆開，接著再擠壓、鬆開，不斷反覆。基本上，該工具會讓風車自己製造出不停轉動所需的風。

　　齊馬拉從來沒有成功造出這個奇妙的裝置。或是這麼說，就算他有，也不曾公開他的成就，因為從來沒有看到相關消息。擠壓一組巨大風箱所需要的力量，遠比風車所產生的任何能量都大，因此整座裝置就只會靜靜地豎立在那裡，而這對永動機而言不是好事。葉片無法因自然風吹動而轉動，因為其固定在風箱上。然而，齊馬拉並沒有因為是第一個設計永動機的人而獲得任何讚許。

你知道嗎……雖然不是永動，但有一部機器似乎挑戰了物理原理。這台機器叫「電磁推進器」（EmDrive），是一個推進系統，設計來進行太空旅行，可以產生推力但不利用任何火箭燃料。電磁推進器是一個密閉容器內，有光微粒（有微波爐頻率的光子）在容器內彈跳。當光子碰撞到容器內壁，據說會產生一股力量，讓容器往前移動。

對大部分科學家而言，這聽起來很神奇，也令人無法置信。但是雄鷹工廠（Eagleworks）在美國國家航空暨太空總署（NASA）的研究團隊，最近發表了一份針對電磁推進器的試驗報告，推斷這部機器的確會產生少量推力。如果最後結果屬實，將會徹底改變太空旅行，因為太空船就不再需要拖著大量燃料進入太空。

如我所說的，這跟永動無關，但它就像以前從來沒人提過的遠房親戚。

齊馬拉可能確實是第一個設計永動機的人，但絕非最後一個。羅伯特・佛洛德（Robert Fludd）在 1618 年也想出一個好東西，他從當時英格蘭很常見的一種磨坊著手。磨坊包含一個水車，這種水車跟推進密西西比內河船隨溪流轉向的水車是同類型，而這個水車會接著轉動一個巨大的石磨。但是佛洛德接著放入一個名為阿基米德螺旋抽水機（Archimedean screw）的裝置，此裝置是開放的圓筒，內部有尺寸適中的螺旋在轉動。如果螺旋裝置角度朝上且不斷轉動，有可能會將水一起往上帶。因此，佛洛德主張，只要用螺旋裝置將溪裡的水往上輸送，這些水接下來只要沿著水平渠道流動，再往下流回水車即可。轉動的水車會透過齒輪與螺旋裝置相連，因此螺旋裝置可以持續轉動，不斷將水往上輸送，以轉動水車。同時，水車可利用剩餘的能量，讓一些東西變有用，像磨石，一直這樣下去！

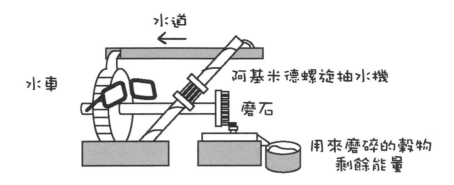

水道

水車

阿基米德螺旋抽水機

磨石

用來磨碎的穀物
剩餘能量

　　很可惜地，佛洛德的發明行不通。把水輪送到高處需要的作功，大約跟水轉動水車葉片所產生的作功一樣多，因此沒有多餘的能量可以轉動磨石。這甚至還沒有加上摩擦輪軸、螺旋裝置在管子內轉動，或水沿著水道流動時所流失的能量。但是也不能怪佛洛德，因為在熱力學定律確立的前兩世紀，對這一切仍一無所悉，不過提出這類設計的發明家，依然在 100 年前申請了專利。

　　這些經典的設計中，我最喜歡從強力磁鐵發想的設計。切斯特（Chester）的主教約翰 · 威爾金斯（John Wilkins）在 1600 年代提出了一個版本，想像一條傾斜軌道頂端有一塊磁鐵，底部放一顆鐵球，磁鐵的磁力非常強，能將鐵球沿著軌道往上吸。但是聰明的地方就在這裡，軌道上磁鐵正前方有一個洞，從這裡延伸出第 2 條軌道回到起點。所以你放下球，球會往上朝著磁鐵移動，愈往上速度愈快；接著那顆球會掉到洞裡往下滾，滾回起點，然後一切又重來一次，週而復始。

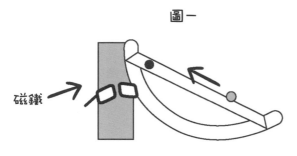

圖一

磁鐵

鐵球從底部開始被
磁鐵往上吸

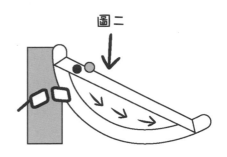

圖二

球掉到洞裡往下滾到
下方的第 2 條軌道，
回到起點

　　一切都很完美，除了一個小細節；如果磁鐵的磁力強到能把鐵球沿著軌道往上吸，那球肯定不會掉進洞裡吧，因為球將會飛躍洞口。有人稱這項設計是世界上第 1 個辦公室玩具。

科學假相！ 1870 年代，門羅 · 潘恩（Monroe Paine）嘗試實現永動機的夢想，他製造了一台全新的「電磁機」並公開展示，聲稱可以鋸木頭，即使其似乎只不過靠 4 顆小電池供電。

　　有一位多疑的亨利 · 摩頓（Henry Morton）博士懷疑其中有詭計，但他無法立刻看破。有一次，潘恩嘗試要重啟機器卻失敗時，摩頓起了疑心。摩頓發現，當時是下午 6：05，每天負責運轉同一棟建築內好幾台機器的蒸汽機剛關閉了 5 分鐘。果真，潘

恩忽然離開小鎮後，摩頓就發現地板有個洞，正是潘恩的機器所在位置，這個洞的大小剛好容得下一條皮帶傳動，可將電磁機接到建築的蒸汽機。

　　所以，雖然好幾世紀以來人們運用想像力設計永動機，但截至目前為止，熱力學的定律依然堅定不移。但有件事可以肯定：未來一定會有更多永動機的設計，運用更加奇特的動力源。雖然一切都很迷人，但沒有一個行得通。

準永動機。

游泳池裡裝了多少尿？

　　如果你也是對使用公共廁所小便斗感到猶豫的那種人，總還有游泳池或熱水浴池可以選，對吧？即使這是禁忌，但在 2012 年的調查中，有 19% 的人坦承曾經這麼做，你就知道真的有人會這樣！但是，即使知道了比例，還是無法讓你明白自己身處的游泳池裡有多少尿。好的，現在我們可以知道了。

　　一份 2017 年初發表的研究中，阿爾伯塔大學（University of Alberta）的研究人員利用人工甜味劑一點 K（acesulfame K）或乙醯磺胺酸鉀（acesulfame potassium）做為尿液的顯蹤劑。冰淇

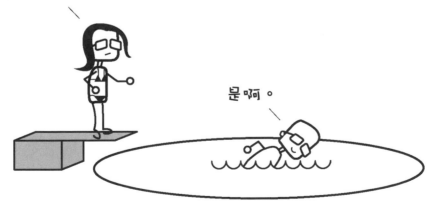

尿在游泳池裡？

是啊。

淋、果醬、果凍、冷凍甜點、汽水、果汁、牙膏、漱口水，和許多其他製品中都有這種人工甜味劑；其甜度比一般的糖（蔗糖）還甜 200 倍，常與其他甜味劑並用，比較耳熟能詳的像是蔗糖素（sucralose）或阿斯巴甜（aspartame）。

用一點 K 做為尿液顯蹤劑的好處在於，大多數人都會吃到這種物質，人體無法經消化改變它的化學成分，所以只要吃到就一定會排出來，且這種物質會堅定地留在游泳池水中，並被偵測出來。

 **你知道嗎……** 公共游泳池特有的那股味道你以為是氯嗎？不一定喔。更有可能是三氯化氮（trichloramine）的味道，即尿液中的氮與氯作用後形成的物質。噁！

在該研究中，研究團隊分別從加拿大不同城市的 2 座游泳池採集檢體，一座游泳池可容納 11 萬加崙的水，另一座可容納 22 萬加崙的水（奧運規格的游泳池大約是 66 萬加崙）。游泳池內的一點 K 濃度，大約是這 2 座城市自來水中濃度的 10 倍。濃度會這樣大幅上升，唯一可能的來源就是尿液。意思是，一座游泳池裡有 7.9 加崙（30 公升）的尿液，另一座則有 19.8 加崙（75 公升）的尿液，而 19.8 加崙可以裝滿約 20 瓶的大瓶牛奶。真的有很多很多很多的尿！

科學真相！ 沒有任何化學物質會在接觸到游泳池水中的尿液時變色。麻煩之處在於找出只對尿有反應、對其他化學物質沒有反應的化學物。另一個困難處是人的本性：不難想像有人會在水中尿尿後，游來游去，然後再怪到別人身上的畫面。

　　光是這樣就足以讓你發出「矮額！」的哀號，但其中還有一些健康涵義。雖然尿液並非無菌，但通常也不會造成感染，因此尿液本身並沒有問題，而是游泳池裡的氯、汗水會與尿液產生反應，形成所謂消毒劑的副產物。這些物質會刺激眼睛，引發呼吸問題，甚至氣喘。

　　你應該有聽說過，經常泡在游泳池裡的人，最常出現呼吸問題，而大部分這類游泳者很樂於承認，認真游泳的人會在游泳池裡尿尿，尿完之後就置之度外。但現在你知道了。

黑洞裡有什麼？

　　要了解黑洞，首先得先明白太陽的生命週期。太陽的美，在於它的穩定一致；今天落下，明天還是會升起，每天發出的陽光強度都一樣。託重力的福，這個壓倒性的力量讓太陽受到控制。太陽是離我們最近的一顆恆星，數十億年來都是個巨大的核融合反應堆，它大概可以再持續發光 50 億年以上。

　　但是，天下無不散的筵席。太陽的氫氣終將用盡，上層會往外推。整個太陽會加熱、膨脹，然後再次萎縮。太陽的死亡會經歷這樣的週期，直到其脫去所有外層，只剩下白矮星（white dwarf），是太陽核心的殘骸，密度極高，或是可以說將目前太陽一半的質量封裝進像地球一樣大的物體中。

黑洞的構造

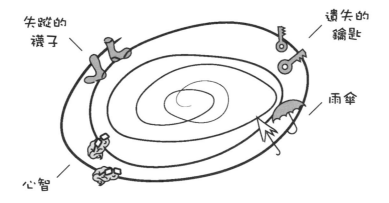

失蹤的襪子

遺失的鑰匙

雨傘

心智

恆星愈大，消逝的過程愈戲劇化。如果這個故事是從體積更大的恆星開始，假設比太陽還大 20 倍以上好了，燃料用盡之後它依然會萎縮，而萎縮的過程永不停止。那麼大質量的物質其重力會不斷瓦解，直到接近無限密度如此不可思議的狀態，然後再裝進無限小的空間裡，這就是黑洞。

　　有的黑洞和恆星一樣大，有的則是超大質量（supermassive），理論上還有一種迷你黑洞。每一種黑洞的質量都與瓦解前一樣（減去脫落至太空的物質），因此裡面一定有些東西。黑洞，尤其是大的黑洞，會吸入它們碰到的恆星和氣體。當物質漩入黑洞的水道中，黑洞會加熱並發出大量 X 光和無線電波。從那些物體的分布型態，太空人能看出它們所繞轉的黑洞大小。已故的物理學家約翰・阿奇博爾德・惠勒（John Archibald Wheeler）形容此過程就像站在昏暗的舞廳中，男舞者穿一身黑，而他們的女舞伴則穿白色的舞衣。你只看得到女舞者，但你可能可以從女舞者的移動，看出男舞者的位置。

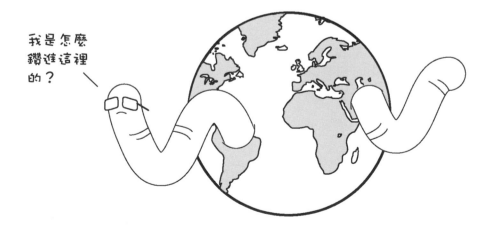

試試看！跟黑洞血緣最近的親戚是蟲洞（wormhole）。蟲洞的出口和入口都在外太空，在這裡你可以（假設）移動到太空中的遠方，而且速度比傳統方法還快很多。要搞懂蟲洞，得發揮一些想像力。首先，把太空看成一個非 3D 的空間，而是你雙手之間的一張平面橡皮墊。像太陽那麼大的物體對太空的影響，就像撞球掉到橡皮墊上一樣，會導致橡皮墊歪斜。接著，將撞球放在橡皮墊中央，選一顆小一點的球代表地球，用大理石球好了，並滾過橡皮墊。它不會直線滾動；而是受重力吸引到中間，並因為橡皮墊的傾斜，循著軌道繞著撞球（也就是太陽）不停地轉。

現在，想像用一支筆，在這張橡皮墊的兩端做 2 個記號。將橡皮對摺，讓 2 個記號相疊。記號相疊後，就能貼著橡皮墊表面，沿著通道從一邊移動到另一邊，或可以直接穿過橡皮墊，這就是蟲洞。恭喜，你剛才完成了多維空間（hyperspace）之旅。但不要誤會，若覺得只要進入黑洞就能經由蟲洞旅行，那將會是你人生的終點！

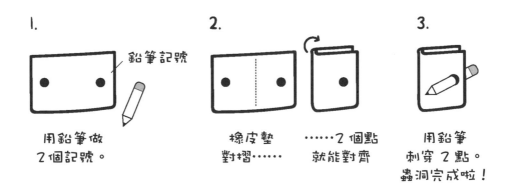

1.
用鉛筆做 2 個記號。
鉛筆記號

2.
橡皮墊 對摺……
……2 個點 就能對齊

3.
用鉛筆 刺穿 2 點。 蟲洞完成啦！

我們無法得知所謂事件視界（event horizon）以外的黑洞的任何消息。事件視界是環繞黑洞的邊界；一旦跨越這個邊界就再也回不來，因為黑洞的重力太強。但如果真的跨越了，你的經歷會與外人所見非常不同。當你的太空船朝著事件視界下行，在外面追蹤你的人會看到你愈來愈近，然後似乎就停止了。你的影像發出的光並不會被吸入黑洞，但也逃不過黑洞的重力；其會停止，懸浮在太空中，與黑洞的黑暗形成對比。

　　但是人一旦飛進黑洞，經歷就快多了。黑洞之所以這麼特別，不是因為其質量難以置信地龐大，而是這些質量封裝在像一個小點這麼狹小的空間裡，而其重力作用卻強很多。在地球上，因為你的腳比頭還靠近地心，因此嚴格說來你的腳正感受到無限小的較強重力。但是頭與腳之間的距離相較於腳至地心的距離還是非常短，因此無法感覺其中的影響。

　　黑洞的重力源則集中得多，更不用說質量比地球還大。愈靠近黑洞中心，你的身體會開始延展。當然，無法撐太久，因為你會開始分裂成兩半，先是上下分離，接著裂成 4 塊、8 塊，不停分裂。同時，時空本身也會通入黑洞，意思是身體兩側也會受到擠壓，如奈爾・德葛拉斯・泰森（Neil deGrasse Tyson）常說的：「像牙膏一樣。」事實上，比較像牙膏噴出的最後一口，進入黑洞時大概就是這種感覺。同時延展又受到擠壓的現象有個科技專有名詞——義大利麵效應（spaghettification）。

　　你以皮包骨的小碎片狀態進入黑洞後，就不太確定會發生什麼事了，因為我們無法看到黑洞內部。黑洞這個名詞的「黑」，

指的正是洞裡的重力強到透不出光，沒有光，我們當然就看不到發生什麼事。我們只能確定，（我們所知的）物理定律不再存在。也許太空的終點就在那裡，故事結束；但就我們所知，物質應該無法終結自己的存在，所以這個說法似乎不正確。雖然是把無限大的密度壓入狹小的空間，但還是有可能你的殘渣，甚至是身體原子的碎片，可以存活下來。還有另一個沒什麼人相信但又很難反證的想法，你的存在也許總會終結在一陣狂暴的微粒中。似乎無論進入黑洞的物體最後命運如何，都會違反量子力學的定律或廣義相對論，而物理學家非常不願意割捨這兩者。

義大利麵效應（還有肉丸）。

機器會有感覺嗎？

「停止，大衛……你可以停止嗎，大衛……快停手，大衛。抱歉……我恐怕，大衛……大衛……我的意識正在消逝……」

這是哈兒（HAL）說過的話。他是亞瑟‧查理斯‧克拉克（Arthur C. Clarke）和史丹利‧庫柏力克（Stanley Kubrick）在《2001 太空漫遊》（*2001: A Space Odyssey*）中創造的一台電腦。哈兒是一台有感覺的機器，因為太空人大衛開始拆解他而感到極度痛苦。事實上，他表現出恐懼的情緒。假如沒有了情緒，哈兒就只是一台無意識的數字運算機器。

雖然只是虛構的小說人物，而我們要打造一台像哈兒的機器還早得很，但未來有可能辦到嗎？如果真的辦到了，有感覺的機器會比沒有感覺的機器還聰明嗎？

我今天的感覺是二進制，就跟昨天一樣。

過去還發生過些耐人尋味的故事。1848 年，建築工頭費尼斯‧蓋吉（Phineas Gage）在佛蒙特建造若倫和德柏林鐵路（Rutland & Burlington Railroad），他只是例行

性地把炸藥放進一個洞裡。但是 9 月 13 日出了大事，炸藥爆炸了，一根棒子直直穿過蓋吉的頭骨，飛到 65 呎遠（20 公尺）的地方。那根棒子奪走了蓋吉的左眼，和大半的大腦左額葉。

　　蓋吉從那場意外中奇蹟地倖存，又多活了好幾年。但是以前熟識蓋吉的人紛紛作證指出，「好好先生」蓋吉已經不見了。他不再是那個友善、性情溫和又可靠的人，而變成不停做出錯誤決定的反社會遊民。他大腦上那個可怕的傷口，讓他變了一個人。

　　最近，美國神經學家安東尼奧 · 達馬西奧（Antonio Damasio）提到他有一位病人艾略特（Elliot），簡直是「現代版蓋吉」。艾略特因病接受手術切除了他的腦瘤，手術過程中切掉部分的左右額葉。手術後，艾略特突然開始不斷做出錯誤的決定。等到達馬西奧見到他時，他差不多已經失去了一切，包括他的家庭和財富。奇怪的是，艾略特卻能通過大量的心理測驗，但他坦承，許多他過去有感覺的情況，現在什麼感覺都沒有了。達馬西奧漸漸相信，艾略特就跟當年的蓋吉一樣，失去了正確決策很重要的部分——情緒。

即使實驗室研究顯示，開心的人比傷心的人更能專心觀察畫作的所有細節，並且在賞畫後重畫。開心的人會注重整片森林，且能重現整幅畫；傷心的人則著重特定幾棵樹，因此字面上和象徵意義上都無法看到全景。意思是，有「心情」的機器人，可能會做出比較好的決定。

但是我們可以證明情感上有悟性的機器，能力也許比沒有感覺的機器能力更強嗎？如果真是如此，原理是什麼呢？棘手的地方在於，人類的感覺是經過了幾百萬年的演化才產生，而目前對產生感覺的大腦細胞迴路所知甚微，它們實在太複雜了。總之，現在根本不可能仿製這些細胞迴路。

宇宙貓翻譯機

喵。
愛是許多奇妙的事。

喵一嗚。
你散發出人的氣味正引誘我挖出你的眼睛。

喵噢。
尼采（Nietzsche）是對的，我什麼感覺都沒有。

咪嗚。
仿生人會渴望擁有電動羊嗎？

首先先慢慢來，試試看製造一台至少可以辨別人類情緒的電腦？中國的研究學者已經做出一台可以從觀影者的腦波中，辨別出正面、中性和負面情緒的電腦。再來是法國／日本的商店機器人 Pepper。Pepper 能辨別 4 種人類情緒：幸福、喜悅、哀傷和憤怒；接著會依辨別出的情緒回應，以鼓勵消費者購買更多東西。但是，這些機器人和電腦依然是自動做出反應，它們完全不知道人類實際的感覺。即使我們造出能理解人類情緒的電腦，它們一樣無法按照這些情緒適當回應。

　　你體會到的情緒（你的感覺），除非由你表現出來，否則沒有任何人能夠知道。對我而言，你也許看起來很生氣，但不代表你真的在生氣，我也無法戳探你的意識，那是思緒、夢想和感覺的內在世界。

　　意識目前仍是科學謎團。我們不僅無從得知大腦如何產生意識，也不知道哪些生物擁有意識。烏鴉和渡鴉能夠做出有洞察力的行為，但牠們有意識嗎？如果狗和貓有自覺，就能證實人腦大小的腦並非機器人的先決條件。有些科學家曾經堅信，大腦達到一定程度的複雜度之後，就可能自然浮現意識。但是對於微處理機複雜的裝配也是如此嗎？

你知道嗎…… IBM 正在嘗試複製人腦的互連。真方向（TrueNorth）是 IBM 製造的一塊仿神經元電腦晶片，共有 1600 萬個這種晶片，產生了 40 億個連結。這個數字很驚人，雖然 1600 萬還是比不上人腦的 860 億。

如果機器人能發展出情緒，它們會像我們一樣嗎？也許它們會有「機器感覺」，不是「心臟」，只有電池。有感覺的機器可能效率比較高，但也有可能比較無法預測。如果所有這些敏感又聰明的機器人有一天決定不再需要我們人類了……會變得怎麼樣呢？

你知道嗎……德國的科學家播放一段電腦動畫，畫面中一名男子和一名女子正在討論他們對炎熱天氣、沒有空閒時間的看法，和女子對於被朋友放鴿子感到很討厭。科學家會告訴旁觀者，對話中的聲音是人聲或是電腦產生的聲音。得知整段對話是電腦產生且沒有事先設定劇本的人，會覺得這個場景很可怕；但被告知這些對話是人類互動的人，則不會感到害怕。這代表什麼意思呢？顯然我們對於電腦可以完全自己思考感到有點不安。但也許我們終究得習慣吧。

你的浴室裡躲了些什麼東西？

　　生活在我們體內的細菌，也稱爲人體的微生物群（microbiome），能對體內的反應產生好的影響，連大腦也是。但是我們其實沒有認眞把那些細菌好好留在身上。我們碰過、呼吸吐氣，或甚至靠近的所有東西，幾乎都有細菌覆蓋：電腦、鍵盤、電話話筒、你的襪子等所有東西。

沙門小姐　　　　金黃葡萄球先生　　　炭疽小姐
（Sally Monella）　（Steph Lococcus）　（Ann Thrax）

要畫一幅細菌散播範圍的地圖不容易，但卻相當重要，因為這是控制食物或水傳播疾病的關鍵資訊。地圖上重要的休息站包括人類便溺（廁所）或沐浴（淋浴間）的地方，特別是門把、沖水壓桿、馬桶座墊，甚至蓮蓬頭。

針對人類在公共廁所的行為，已經有一大堆研究（參閱第169頁「如何在公共廁所挑選最隱密的小便斗？」）。比方說，女性常在覺得有人注視時，更勤奮地洗手，而男性會因為幾乎難以察覺的男性荷爾蒙氣味而避開特定的小便隔間。

最新一份從公共廁所收集資料的研究，讓我們得以對生活在廁所的細菌做出一份完整的型錄。看了結果後，我們可以肯定細菌不在瀕臨絕種的清單上！調查顯示，公共廁所的細菌種類比北美的鳥類還多。科學家對這些細菌都很熟悉，因為都是在我們皮膚或腸道內有的細菌；在公共廁所內就跟在我們體內一樣，只是細菌的居處不同罷了。

該研究運用了開創性的方法。傳統做法是用棉棒將細菌轉移到培養皿，培養皿裡有營養基，細菌便可繁殖；科學家接著便能研究培養皿上活體細菌的群體，以搞清楚要應付的對手。但是有數百種物種無法像這樣在培養皿裡成長。對這項北美調查而言，反而是在檢查檢體，找出不同物種留下的 DNA 蹤跡；研究學者們不曾看到細菌，而只有發現它們的內臟。

門把、給皂機、水龍頭，和其他手會碰到的物品，都發現有大量的皮膚微生物群。但是沖水壓桿和座墊則不同，這兩處是腸道細菌占絕大多數（糞便總有辦法從人的腸子跑到這些地方）。

有可能是因為衛生習慣差，或沖水時把含有糞便的物質噴到一旁。由於有些嚴重的致病細菌可經由糞便散播，若你在許多不該有糞便細菌的地方發現糞便細菌，即代表其致病的同族也能在那個地方生存。

你知道嗎……你可能沒有發現，但馬桶沖水時會將許多糞便細菌拋入空氣中。那些細菌無論落在哪裡，都能存活好幾天。所以若是在家裡，記得先蓋上馬桶蓋再沖水。

　　在公共廁所坐式馬桶邊緣底部發現大量細菌也不足為奇，意外的是地上的病菌種類最多。研究學者懷疑是因為人們走進廁所時會帶入不同地方的泥土，但很奇怪，沖水壓桿也發現同一批菌種。這可以證明，顯然比起用手按壓沖水，以鞋子踩壓沖水壓桿的潔癖習慣，更為普遍且流行。

　　該研究推斷，如果無時無刻都有人使用馬桶，便溺產生的細菌無可避免地會散播到整間廁所，因此為了自己好，徹底洗手是明智的做法。

　　至於蓮蓬頭，在這裡的細菌特別有趣。有鑑於蓮蓬頭的高度高於我們，因此我們不可能用滴的方式的把病菌滴到上面。但就算是直接反濺到蓮蓬頭上，應該也只會出現頭皮的細菌，但這樣

我以為我進來這裡是把身體洗乾淨！

的可能性有多低？依然有可能是馬桶沖水時，無可避免地造就了蓮蓬頭上的菌群，但實際上卻不只這樣。

你知道嗎……寡頭政治家（oligarchs）是指極有錢有勢，顯然碰不得的人物。而成功取得主導位置的菌群，也稱為寡頭細菌。它們完美地結合了防禦力、耐受力和優勢，使得它們可以盛氣凌人地對待對手。

　　肚臍的細菌就把自己歸類為寡頭細菌，這很有意思。這些迷你暴君最驚人的地方是它們是隸屬於古（細）菌域（Archaea）的物種。這種細菌過去被認為是唯一能在極端環境（如溫泉）中存活的有機體，但現在怎麼會到處都是。過去在人體身上從來不曾出現這些細菌，直到它們在肚臍被發現。

　　蓮蓬頭的微生物群不容小覷，是因為有些研究發現，蓮蓬頭是浴室裡最有可能有鳥分枝桿菌（*Mycobacterium avium complex*）

的地方。雖然這種病菌在城市水供應系統中只占 1%，但它們能在管道系統形成穩定膜（stable films），意味著它們會控制蓮蓬頭。更糟的情況是，蓮蓬頭以細小空氣傳播水滴的方式到處散布細菌，且能進入你的肺，而分枝桿菌也有可能造成免疫系統功能低下的人罹患肺病。雖然對大多數人而言，那些細菌並不會產生如此嚴重的風險。

　　我得承認，寫出這段文字來揭露原來我們用來消滅細菌的環境中會有細菌增生，這實在很諷刺。但我們還是得認真看待，並且在沖馬桶之前，想到細菌可能會汙染環境。想想那些美好的往日，過去人們直接將廢棄物倒入護城河，或者，如果你買不起城堡，沿著牆倒到街上？當然，人類歷史上也有很長一段時間不太洗澡。而我們現在面對的是將細菌噴入空氣中的馬桶，和偷偷在蓮蓬頭聚集的怪蟲，或許聽起來有點糟，但相較過去其實已經好很多了。

新聞快訊：沖水之前記得幫我蓋上蓋子！

什麼是圖靈測試？

　　艾倫・圖靈（Alan Turing）是聰明絕頂的英國數學家、密碼破譯專家，也是計算機科學家，他曾經破解過德軍恩尼格瑪密碼（German Enigma code）。不過，他最為人所知的功績大概是設計出圖靈測試（Turing test），用來判定機器是否有智慧。因此，他被視為人工智慧（artificial intelligence, AI）之父。

　　圖靈最初的實驗設計非常簡單，即使背後有深遠的目的：「我想要探討這個問題：『機器會思考嗎？』」不過說沒幾句話之後，他就發現這樣簡單的目的會遇到麻煩，因為「機器」和「思考」的定義都很平庸又模稜兩可。為了解決這道複雜的問題，他選了一個比較簡單的方法：他設計了一個玩法稍有改變的聚會遊戲「模仿遊戲」（imitation game）。

　　先想像這個情境，一男一女坐在房間裡，鑑定人坐在另一個房間。鑑定人會問這對男女問題（印在紙本上，以打字機繕打為佳），並嘗試根據各自的答案判斷兩人中何者為女性，這就是聚會遊戲。而圖靈稍微調整了這個遊戲的概念，以電腦代換其中一個人；鑑定人必

我心思細膩。

須從答案判斷誰是人類誰是電腦。然後圖靈發現，答案不一定要正確，只要是類似人類會給的答案就行了。

　　圖靈重新定義了這個遊戲，他表示如果交談了 5 分鐘，而鑑定人有 7 成的時間都無法準確判定誰是人類誰是電腦，那電腦就通過了這場測試。圖靈也保留了一些未來發展的空間，他問道，如果當時的電腦無法通過該測試，「未來可想見的」電腦是否會贏得這場遊戲呢？他認為到了 2000 年就會贏了。

　　圖靈在描述該測試的論文中，引起了許多可能的異議，但他像在遊藝場射鴨子一樣個個擊破。當人們爭辯上帝賦予人類靈魂，而不是機器時，圖靈回答，「我對神學方面的討論並沒什麼好感。」另外有些人說，有智慧的機器光用想像的就很恐怖了，他則回覆，「我不認為此看法有這麼重要。」他認為機器也有極限，機器無法寫詩因此也無法思考，所以它無法創作出任何作品。

你知道嗎……從 2014 年的電影《模仿遊戲》（*The Imitation Game*），可一窺圖靈的內心和人生。圖靈是一名男同志，但同性戀在當時屬於犯罪行為。他在 1952 年被揭發為同性戀者，接受審判後宣告有罪。他同意接受化學去勢而免受牢獄之災，但卻在 2 年後死於氰化物中毒，享年 42 歲。據推測他是自殺，但也有人猜測可能是意外。無論如何，隨著社會逐漸現代化，英國女王伊莉莎白二世在 2013 年特許圖靈身故特赦令。

圖靈測試的原始版本尚未正式通過，但有好幾個人聲稱自己已經通過此測試。1960 年代中期，約瑟夫・維森鮑姆（Joseph Weizenbaum）設計了一個應用程式伊萊莎（ELIZA），可以模仿「個人中心取向」（person-centered）這種心理治療，或以發明家卡爾・羅杰斯（Carl Rogers）爲名的「羅杰斯氏」（Rogerian）治療。採用羅杰斯氏治療法的治療師，會鼓勵患者透過問題剖析自己。所以像「你對此有什麼感覺？」和「你感到驚訝嗎？」這種談話很合理，但面對這種問題機器並不太需要思考。維森鮑姆聲稱自己成功了，雖然他的聲明從那時到現在都有爭議。

　　從那時開始，各式各樣的測試如雨後春筍般冒出。其中我個人最喜歡的一項實驗是中文房間（Chinese room）。和此研究領域中的一切一樣，這項測試也充滿爭議，但也是一個巧妙的範例，不只可以思考機器有無智慧，還可以探究整體而言的意識。

在這項測試中，一個對中文一竅不通的人會被關在充滿中文漢字的房間內。而房間內有一本手冊，說明如何正確排列這些漢字。房間外的中文講者會用中文將題目傳到房間內。房間內的人雖然完全不知道自己聽到的是題目，但會參照說明書組合漢字，並傳到房間外（再次聲明，他完全不知道自己組合的漢字是對應題目的答案）。對房間外的中文講者而言，房間裡的人（或東西）通過了圖靈測試。但由於房間裡的人壓根不懂中文，因此也不能說他們通過任何與智慧有關的測驗。

還有另外兩個測試我也很喜歡，一個是反向圖靈測試（reverse Turing test），電腦必須分辨自己是在跟人抑或跟另一台電腦對話；另一個是總圖靈測試（total Turing test），電腦除了要通過圖靈測試的項目之外，也必須要能看見物品和操作物件，也就是人工智慧加上機器視覺、加上機器人的功能。

不論你知不知情，很有可能都曾經玩過改良版的反向圖靈測試。瀏覽網頁時，有些網站會要求你在方框內輸入一組變形

的字母和數字，這時候就是在向監視你的電腦證實你是人類。這稱為 CAPTCHA，是全自動區分電腦與人類的公共圖靈測試（Completely Automated Public Turing Test to Tell Computers and Humans Apart）。電腦辨識 CAPTCHA 的字母和數字的能力不如人類厲害。另一方面，人類非常擅長合理化模糊的影像，就像我們可以看到烤起司三明治裡浮現的聖母瑪利亞！

你知道嗎……由修‧羅布納（Hugh Loebner）博士設立的羅布納獎（Hugh Loebner），提供首位通過圖靈測試的參賽者 10 萬美元獎金和羅布納博士本人的金牌。該獎項從 1991 年開始舉辦，但即使從當時起到現在的電腦運算能力不斷進步，仍一直無人獲獎。不過每年還是有頒發一些比較小的獎項給所謂的「首獎」，只是他們全都未達圖靈設定的標準。

　　我撰寫本章時，有和最近一次羅布納競賽表現最好的聊天機器人聊天，但似乎還有很多進步空間。當我提到晚餐（不，我不是要約會！）他突然失控轉移話題談起狄更斯（Charles Dickens）；也許機器人是聯想到狄更斯的作品《孤雛淚》（*Oliver Twist*）裡，談到晚餐時的那段對白，「拜託，先生，可以再多給我一點嗎？」

歷史謎團

什麼是安提基特拉儀？

　　我們在工藝方面的發展已經游刃有餘，所以不太會再花時間驚嘆人類的進步。但每過一段時間，還是會突然有一些發現，讓我們感覺到人類還是最擁有工藝頭腦的。最好的例子就是沒什麼人聽過，更不用說熟悉的「安提基特拉儀」（Antikythera mechanism）。

　　試著想像一個金屬構成的時鐘，嵌在雕刻精美的木箱裡，大小約 13×7×3.5 吋（34×18×9 公分），約跟形狀較小且平的直立麵包箱一樣大。這個時鐘的正面是 2 個同軸的大刻度盤，側邊有把手可以轉緊發條，背面比較像鐘面。內部塞滿 30 個不同的齒輪，全都互相嚙合在一起。其中有些齒輪直接相接，其他大部分是以一個齒輪轉得比另一個慢的方式相連，有些則是以離心的方式連接，就像在遊樂場玩的瘋帽先生旋轉茶杯；可以想像成月球繞著地球運行，同時地球又繞著太陽運行。（在希臘過了 1500 年都還不曾看到類似的齒輪應用！）此裝置隨處都有精細的文字銘刻。這個裝置相當複雜且設計精美，已經存在 2000 年之久。

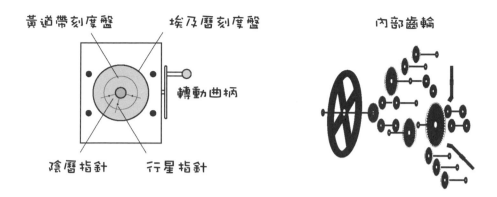

安提基特拉儀

黃道帶刻度盤　　　　埃及曆刻度盤　　　　內部齒輪

轉動曲柄

陰曆指針　　　行星指針

安提基特拉儀會得到這個名字，是因為有很長一段時間都不清楚它的定位是什麼。它被發現的契機，是於 1901 年，在東部地中海區採集海棉的潛水夫，因希臘小島安提基特拉附近的暴風雨而被沖到岸上。隔天，海面恢復平靜後，他們繼續潛水，發現了約 150 呎深的海裡有一艘希臘沉船，年代可追溯至約西元前 100 年。這些潛水夫與希臘考古學家合作，找到了大量的陶器和珠寶。從許多方面而言，這是史上最早的重大水底考古行動。

你知道嗎……截至目前為止，在安提基特拉儀上已發現了 3400 個符號。原本也許有 2 萬個符號銘刻其上，但表面有部分的刻度消失了；有時候銘刻內容只能從滿布其上的物質刻痕讀取。

在這一大堆古物之中，有 3 小片外面覆有硬殼、已腐蝕的青銅，因泡在海水中好幾世紀而嚴重毀損，幾乎看不到齒輪和刻度盤的痕跡。雖然可以看出這些小零件曾經組合在一起，但它們過去是什麼裝置，仍是一團謎。

過了幾十年，才開始用 X 光分析此儀器，但因其殘骸嚴重破碎變形，掃描後並未得到太多資訊。而最近的分析採用了微聚焦 X 光電腦斷層（microfocus X-ray computed tomography）掃描，有了重大的發現，包括已經不復存在之輪齒的模糊痕跡。透過這些

影像，便可能再現此裝置過去的樣貌。

　　正面的2個刻度盤代表365天的日曆，和黃道帶的360天日曆。側邊的把手讓使用者能將此儀器設定日期（過去或未來都可以），可以看到過去或未來的行星連線（planetary alignments）。這個裝置引人注目的原因不完全是因為由日曆及齒輪驅動，還有背面的刻度盤又是完全不同的故事。它們是螺旋狀，而非圓形，且可追蹤當時已知的5個星球的移動，準確到每500年1度的程度。不僅如此，這塊驚人的機械零件，甚至能相當精確地追蹤太陽與月亮，並預測月食和日食、以及從東地中海還觀察不到的天象。

你知道嗎⋯⋯我可以肯定告訴你，2034 年的耶誕節會是滿月；而上一次滿月的耶誕節是 2015 年。不，我並不是預言家諾斯特拉達姆士（Nostradamus）或不知名的術士。這要感謝今日的科技已經能得知太陽與月球的一舉一動，所以才能堅定不疑地這樣預測。不過，即使完全沒有現代科技的輔助，你依然可以利用安提基特拉儀得到同樣的預測結果，因為該裝置能夠再持續追蹤 235 個月，也就是下一次要在日曆的同一天出現滿月所需的時間。

　　背後的原理沒有表面那麼簡單。即使月球繞行地球1圈約需比28天少一些，但這次滿月到下次滿月的時間稍微要長一點。月球需要完全受太陽照亮才會是滿月。在月球繞行的28天週期間，地球移動的距離要足以多出1到2天，月亮才能到達正確的位置，

並被太陽完全照亮。

　　正確時機很難測量，但是安提基特拉儀微調的程度精密到甚至可以追蹤所謂的沙羅週期（Saros cycle），也就是至日食或月食所需的 6,585 天又 8 小時。沒錯，這裝置甚至連那討厭的 8 小時都追蹤得到。

　　如果以上這些還不夠讓你欽佩，安提基特拉儀還能追蹤社會事件喔！背面其中一個錶面可以看到 4 年後下一屆奧運的日期，同時也確認了每 2 年就舉行的 5 項鮮為人知的比賽項目。

 **你知道嗎……**2013 年，鐘錶公司宇舶（Hublot）設計了一只安提基特拉儀的「簡化版」手錶，全世界只有一只。雖然是非賣品，但如果出售的話肯定要價上百萬。

　　對此裝置長達百年的研究，清楚說明了安提基特拉儀的設計和工藝都相當不可思議，此後 1000 年也沒有出現可媲美的科技；當代沒有其他希臘工藝能夠如此精準地運用齒輪，甚至幾百年後也沒有。

　　也許此裝置是為了寺廟或某些極為富有的人所造。也有可能拿來當做競賽運動曆、占星，或完全不同的用途。但現在最能肯定的依然是──它是個謎團。

科學真相！在古希臘，曾經預測過日（月）食的顏色，甚至伴隨而來的風，因為那些都曾經被認為會影響人們的生活。有些人相信，安提基特拉儀的用意是要結合占星術與天文學。

我們無法肯定日（月）食的顏色或它帶來的風，因此沒有太多科學證據可以支持那些占星的論點。不過，雖然安提基特拉儀的設計是希臘工匠的功勞，但是其測量時運用的天文學曆法，則是源自巴比倫的構想，早在該裝置問世前幾百年就出現了。意思是，希臘人對行星移動的了解，可能是受到齒輪和該裝置的運轉啟發。所以這是科技啟發理論，而不是相反。

致謝

本書是《為什麼的科學》（*The Science of Why*）一書的續集，從很多方面而言，我都覺得這是本小說：一本解答之書，充滿幽默感的活潑手繪插圖，輕鬆又平易近人地探究科學的一本書。我希望它是本老少咸宜的書（年齡層囊括 14 到 84 歲），看來我似乎辦到了。而現在，要換這本《科學大解密》接手。

能和我的老友凱文・漢森（Kevin Hanson）在西蒙與舒斯特出版社（Simon & Schuster Canada）合作實在很棒（尤其偶爾還能在午餐時吃壽司），還有我的編輯妮塔・普羅諾沃斯特（Nita Pronovost），總能對我的手稿提出諸多建言。她要麼是非常熟練的編輯，要麼就是對作者施了咒，或其實她兩者都是。但這對我來說很有幫助。在西蒙與舒斯特出版社還有許多人協助這本書付梓，事實上實在太多了我不及言謝，但我想感謝凱瑟琳・懷特塞德（Catherine Whiteside）和她的行銷團隊的努力，讓大家認識《為什麼的科學》，甚至感到興奮。而我知道這本書我一樣可以仰仗他們的專業。

感謝花時間拓展書中主題的科學家，包括雷切爾・庫里克（Rachel Kulik）、格雷格・考楚克（Greg Kawchuk）、克里斯多夫・德莫林（Christophe Demoulin）、約翰・哈欽森（John Hutchinson）和科里・祖伊（Kory Czuy）。

　　我也從貴湖大學（University of Guelph）物理學和科技傳播學教授喬安妮・奧米拉（Joanne O'Meara）身上獲得了莫大的研究協助。物理學貫穿了這本書，而她在其過程中協助我消弭遇到的困境。

　　也要感謝我的經紀人傑基・凱澤（Jackie Kaiser），和多倫多威斯特伍德創意藝術家出版公司（Westwood Creative Artists）的所有人。

　　一個想法值不值得撰文，有個關鍵測試是看朋友的反應。如果隨意提起時換得挑眉的反應或輕蔑一笑，或兩者都有，通常是件好事。而我有一群這樣的朋友，包括在燒杯頭樂團（Beakerhead Band）的各位，燒杯頭公司（Beakerhead）裡的朋友，賈斯柏（Jasper）的妮基・威爾遜（Niki Wilson），以及每個夏天都在蒙大拿晃盪的那班朋友。感謝你們。

　　還有燒杯頭公司的總裁瑪麗・安妮・摩澤（Mary Anne Moser），她總是持續關注這類計畫，即使她心裡已經有很多想法了。不只是趣味性，還是有創意的趣味；少了這個可不行。

照片所有權人：(c) Discovery Channel Canada

　　傑 ‧ 應格朗已有 13 本著作，包括暢銷的本系列首集《*為什麼的科學*》。他從加拿大探索頻道《*每日星球*》開播首集至 2011 年 6 月擔任該節目主持人。加入探索頻道之前，應格朗主持過加拿大廣播公司（CBC Radio）的全國科學秀──《*奇事與夸克*》（Quirks & Quarks）。他曾獲加拿大皇家學院的山福德弗萊明獎章、加拿大皇家學會麥克尼爾公眾科學意識獎章、加拿大自然科學及工程研究委員會麥克 ‧ 史密斯科學推廣獎。他是阿爾伯塔大學傑出校友，已獲得 6 個榮譽博士學位，也是加拿大勳章（Order of Canada）的受獎人。更多資訊歡迎參訪他的網站：JayIngram.ca

推特帳號：@jayingram

國家圖書館出版品預行編目資料

科學大解密：解開宇宙、未知事物和人體的奧祕 / 傑‧應
格朗（Jay Ingram）著；田昕旻譯 . -- 初版 . --
臺中市：晨星 , 2019.12
面；　公分 . --（知的！；156）

譯自：The Science of Why 2：Answers to Questions About
　　　the Universe, the Unknown, and Ourselves

ISBN 978-986-443-935-5（平裝）

1. 科學 2. 問題集 3. 通俗作品

302.2　　　　　　　　　　　　　　　108014953

知的！156

科學大解密：
解開宇宙、未知事物和人體的奧祕

The Science of Why 2：Answers to Questions About the Universe,
the Unknown, and Ourselves

作者	傑‧應格朗（Jay Ingram）
内文圖片	Tony Hanyk
譯者	田昕旻
編輯	吳雨書
校對	吳雨書、黃雅筠
封面設計	陳語萱
美術設計	陳柔含

創辦人	陳銘民
發行所	晨星出版有限公司
	台中市 407 工業區 30 路 1 號
	TEL：04-23595820 FAX：04-23550581
	E-mail：service@morningstar.com.tw
	行政院新聞局版台業字第 2500 號
法律顧問	陳思成律師
初版	西元 2019 年 12 月 15 日 初版 1 刷

總經銷	知己圖書股份有限公司
	106 台北市大安區辛亥路一段 30 號 9 樓
	TEL：02-23672044 / 23672047　FAX：02-23635741
	407 台中市西屯區工業三十路 1 號 1 樓
	TEL：04-23595819　FAX：04-23595493
	E-mail：service@morningstar.com.tw
	網路書店 http://www.morningstar.com.tw
讀者專線	04-23595819#230
郵政劃撥	15060393（知己圖書股份有限公司）
印刷	上好印刷股份有限公司

定價 360 元
ISBN 978-986-443-935-5

掃描 QR code 填回函，成為晨星網路書店會員，
即送「晨星網路書店 Ecoupon 優惠券」一張，同時享有購書優惠。